Institut für Stahlbetonbewehrung e.V.

Bewehren von Stahlbetontragwerken
nach DIN EN 1992-1-1 mit Nationalem Anhang

BEWEHREN VON STAHLBETONTRAGWERKEN

nach DIN EN 1992-1-1
mit Nationalem Anhang

Herausgeber
Institut für Stahlbetonbewehrung (ISB) e.V.
Kaiserswerther Str. 137
40474 Düsseldorf
Deutschland

Titelbild
Adobe Stock

Alle Bücher von Ernst & Sohn werden sorgfältig erarbeitet. Dennoch übernehmen Autoren, Herausgeber und Verlag in keinem Fall, einschließlich des vorliegenden Werkes, für die Richtigkeit von Angaben, Hinweisen und Ratschlägen sowie für eventuelle Druckfehler irgendeine Haftung.

Bibliografische Information der Deutschen Nationalbibliothek
Die Deutsche Nationalbibliothek verzeichnet diese Publikation in der Deutschen Nationalbibliografie; detaillierte bibliografische Daten sind im Internet über <http://dnb.d-nb.de> abrufbar.

© 2019 Wilhelm Ernst & Sohn, Verlag für Architektur und technische Wissenschaften GmbH & Co. KG, Rotherstraße 21, 10245 Berlin, Germany

Alle Rechte, insbesondere die der Übersetzung in andere Sprachen, vorbehalten. Kein Teil dieses Buches darf ohne schriftliche Genehmigung des Verlages in irgendeiner Form – durch Fotokopie, Mikroverfilmung oder irgendein anderes Verfahren – reproduziert oder in eine von Maschinen, insbesondere von Datenverarbeitungsmaschinen, verwendbare Sprache übertragen oder übersetzt werden. Die Wiedergabe von Warenbezeichnungen, Handelsnamen oder sonstigen Kennzeichen in diesem Buch berechtigt nicht zu der Annahme, dass diese von jedermann frei benutzt werden dürfen. Vielmehr kann es sich auch dann um eingetragene Warenzeichen oder sonstige gesetzlich geschützte Kennzeichen handeln, wenn sie nicht eigens als solche markiert sind.

Print ISBN: 978-3-433-03308-1

Druck und Bindung: CPI Group (UK) Ltd, Croydon, CR0 4YY

C9783433033081_191125

Bevollmächtigter Vertreter des Herstellers gemäß EU-Produktsich die Wiley-VCH GmbH, Bosch Product_Safety@wiley.com.

7	Vorwort
9	**Arbeitsblatt 1** **BESCHREIBUNG DER BETONSTÄHLE** Sorten, Lieferformen, Eigenschaften
25	**Arbeitsblatt 2** **IDENTIFIZIEREN VON BETONSTAHL** Lieferprogramme der Hersteller
35	**Arbeitsblatt 3** **GRUNDLAGEN DER BEMESSUNG** Sicherheitskonzept, Nachweisverfahren, Schnittgrößenermittlung
47	**Arbeitsblatt 4** **NACHWEISE DER TRAGFÄHIGKEIT** – Querschnittsbemessung –
79	**Arbeitsblatt 5** **NACHWEIS DER GEBRAUCHSTAUGLICHKEIT**
85	**Arbeitsblatt 6** **SICHERSTELLUNG DER DAUERHAFTIGKEIT**
89	**Arbeitsblatt 7** **VERBUND, VERANKERUNGEN, STÖSSE**
107	**Arbeitsblatt 8** **BEWEHRUNGS- UND KONSTRUKTIONSREGELN**
129	**Arbeitsblatt 9** **ERMÜDUNG**
135	**Arbeitsblatt 10** **SCHWEISSEN VON BETONSTAHL**
141	**Arbeitsblatt 11** **UNTERSTÜTZUNGEN** Kurzfassung des DBV-Merkblattes „Unterstützungen"
145	**Arbeitsblatt 12** **MECHANISCHE VERBINDUNGEN**
147	**Arbeitsblatt 13** **FORMELZEICHEN**

Ingenieure und Konstrukteure planen und erstellen die Bauwerke unserer Welt. Dabei haben sie den Blick auf das gesamte Objekt gerichtet und ihre Gedanken auf die Details der Tragwerke fokussiert. Der Sachverstand ist trotz aller elektronischer Bemessungs- und Konstruktionshilfen weiterhin das wichtigste Werkzeug des Bauingenieurs. Mit seinem Wissen und Können trägt er dabei die Verantwortung für die Technik, Wirtschaftlichkeit und den Erfolg des Projekts.

Unsere Arbeitshilfen unterstützen bereits seit vielen Jahren die Praktiker bei ihrer Arbeit. Dieses Heft ist im Zuge der Weiterentwicklung der Normung fortlaufend aktualisiert worden. Nachem wir es einige Jahren ausschließlich als Online-Version bereitgestellt haben, haben wir beschlossen, es als Print-Version neu aufzulegen. Dabei haben wir auch das Layout angepasst. Wir danken allen, die zu der Umsetzung dieser Aktualisierung beigetragen haben; besonderer Dank gilt Herrn Dr.-Ing. Christian Piehl für die intensive Prüfung der Arbeitsblätter. Für die praktischen Ingenieure und Techniker steht damit das Heft zur *Bewehrung von Stahlbetontragwerken* wieder gedruckt zur Verfügung.

Mit freundlichen Grüßen

Dr.-Ing. Michael Schwarzkopf
Geschäftsführender Vorstandsvorsitzender
Institut für Stahlbetonbewehrung e.V.

Hinweis: Sämtliche Texte und Tabellen in diesem Buch sind nach bestem Wissen und Gewissen erstellt und geprüft worden; gleichzeitig können Fehler nicht ausgeschlossen werden. Daher gilt im Zweifelsfalle immer die zugrundeliegende Norm in ihrer aktuellen Fassung.

Alle Angaben ohne Gewähr.

INSTITUT FÜR
STAHLBETONBEWEHRUNG E.V.

BEWEHREN VON STAHLBETONTRAGWERKEN
nach DIN EN 1992-1-1 mit Nationalem Anhang

Stand 06/19

Arbeitsblatt 1
BESCHREIBUNG DER BETONSTÄHLE
Sorten, Lieferformen, Eigenschaften

1 ALLGEMEINES

Betonstahl macht Beton zum Stahlbeton
Eine hochwertige Bewehrung, die aus rechnerischer und konstruktiver Sicht in ausreichender Menge eingelegt ist, gibt der Stahlbetonkonstruktion ihre Sicherheit gegen die bei der Bemessung in Ansatz gebrachten, aber auch gegen außergewöhnliche Beanspruchungen.

Bei den Kosten ist es unrentabel, insbesondere in Relation zu den hohen Ingenieurkosten, die letzte, theoretisch mögliche Einsparung an Bewehrung zeitaufwendig herauszurechnen. Eine Konstruktion mit wohldurchdachter Bewehrungsführung dankt es dem Tragwerksplaner durch Dauerhaftigkeit und die Aktivierung von zusätzlicher Sicherheit im nicht auszuschließenden Katastrophenfall.

<u>Das Sparpotential liegt nicht bei der Bewehrung, sondern im Bauablauf.</u>

Eine Bewehrung, die übersichtlich konstruiert ist, erleichtert dem Biegebetrieb das Arbeiten, erleichtert das Verlegen und verhindert Verwechslungen. Eine geringe Zahl von Positionen ist anzustreben; dies trägt erheblich zur Kostenminimierung bei.

Die Kosten für die Bewehrung sind relativ zu den anderen Gewerken als niedrig einzustufen. Im Regelfall sind das 3 bis 5 %, nur im Extremfall ca. 10 % der Rohbaukosten.

Aktuelle Normengeneration
Die Arbeitsblätter des ISB sind auf der Grundlage der aktuellen Bemessungs- und Konstruktionsnorm DIN EN 1992-1-1 in Verbindung mit dem nationalen Anhang DIN EN 1992-1-1/NA erstellt.

Zur Definition der **Duktilität des Betonstahls** werden zwei Parameter benutzt (vgl. DIN EN 1992-1-1; 3.2.4):

Verhältnis Zugfestigkeit zu Streckgrenze $(f_t / f_y)_k$
Dehnung bei Höchstkraft ε_{uk}

Durch Festlegung von Anforderungen hierzu wurden zwei Klassen[1] (A und B) gebildet:

Kategorie	$(f_t / f_y)_k$ [-][2]	ε_{uk} [%][2]
Normale Duktilität (A)	1,05	2,5
Hohe Duktilität (B)	1,08	5,0

[1] Die Duktilitätsklasse C nach DIN EN 1992-1-1, Anhang C ist in Deutschland nicht verwendbar da dieser Anhang lt. NA keine Anwendung findet.
[2] Beide Parameter sind als 10%-Quantil definiert.

2 LIEFERFORMEN

2.1 BETONSTABSTAHL UND BETONSTAHL IN RINGEN

- Betonstahl wird entweder als Betonstabstahl oder als Betonstahl in Ringen hergestellt.
- Betonstabstähle werden warmgewalzt in der Regel nach dem Tempcore-(Thermex-)Verfahren hergestellt.
- Betonstahl in Ringen wird entweder warmgewalzt und anschließend gereckt (alt: WR) und auf kompakte Ringe umgespult oder aus Walzdraht kaltverformt und gerippt (alt: KR). Den Endzustand als Bewehrung erreicht Betonstahl in Ringen durch Richten (Richtanlage) zum geraden Stab oder als Bügel (Bügelautomat).

Duktilitätsklasse A
Duktilitätswerte: $R_m/R_e \geq 1{,}05$, $A_{gt} \geq 2{,}5\ \%$
Bezeichnung: B500A
Werkstoffnummer: 1.0438
Lieferform: Ringmaterial von Ø 6 mm bis Ø 12 mm

Duktilitätsklasse B
Duktilitätswerte: $R_m/R_e \geq 1{,}08$, $A_{gt} \geq 5{,}0\ \%$
Bezeichnung: B500B
Werkstoffnummer: 1.0439
Lieferformen: Stabstahl von Ø 6 mm bis Ø 40 mm, Ringmaterial von Ø 6 mm bis Ø 16 mm (Ø 25 mm mit AbZ)

Duktilitätsklasse C
Diese Betonstähle sind in Deutschland z. Zt. nicht genormt (also nur mit einer Allgemeinen Bauaufsichtlichen Zulassung oder Zulassung im Einzelfall verwendbar).

2.1.2 NENNDURCHMESSER

Nenndurchmesser Ø	[mm]	6,0	8,0	10,0	12,0	14,0	16,0	20,0	25,0	28,0	32,0	40,0
Nennquerschnittsfläche A_s	[cm²]	0,283	0,503	0,785	1,131	1,54	2,01	3,14	4,91	6,16	8,04	12,6
Nenngewicht g	[kg/m]	0,222	0,395	0,617	0,888	1,21	1,58	2,47	3,85	4,83	6,31	9,86

⟵——————— Durchmesserbereich für Betonstabstahl ———————⟶
⟵——— Durchmesserbereich für Betonstahl in Ringen ———⟶ - - - - - ⟶

Länge der Betonstabstähle: 12 bis 15 m, Sonderlängen auf Anfrage (6 bis 31 m)
Innen- und Außendurchmesser der Ringe (Coils) können zwischen dem Herstellwerk und dem Kunden vereinbart werden.
Gewicht der kompakten Ringe: 0,5 bis 3,0 t (teilweise auch bis zu 8,0 t)

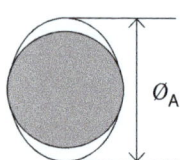

Bei der Bewehrungsplanung sollte immer der reale Außendurchmesser berücksichtigt werden, insbesondere bei Knoten, Detailpunkten und hohen Bewehrungsgraden.

Der Außendurchmesser $Ø_A$ beträgt in der Regel: $Ø_A \approx 1{,}15 \cdot Ø_{Nenn}$

2.1.4 QUERSCHNITTE VON FLÄCHENBEWEHRUNGEN a_S [cm²/m]

Stab-abstand [cm]	Stabdurchmesser Ø [mm]											Stäbe pro m
	6	8	10	12	14	16	20	25	28	32	40	
5,0	5,65	10,05	15,71	22,62	30,79	40,21	62,83	98,17	-	-	-	20,00
6,0	4,71	8,38	13,09	18,85	25,66	33,51	52,36	81,81	102,63	-	-	16,67
7,0	4,04	7,18	11,22	16,16	21,99	28,72	44,88	70,12	87,96	114,89	-	14,29
7,5	3,77	6,70	10,47	15,08	20,53	26,81	41,89	65,45	82,10	107,23	-	13,33
8,0	3,53	6,28	9,82	14,14	19,24	25,13	39,27	61,36	76,97	100,53	157,10	12,50
9,0	3,14	5,59	8,73	12,57	17,10	22,34	34,91	54,54	68,42	89,36	139,61	11,11
10,0	2,83	5,03	7,85	11,31	15,39	20,11	31,42	49,09	61,58	80,42	125,66	10,00
12,5	2,26	4,02	6,28	9,05	12,32	16,08	25,13	39,27	49,26	64,34	100,53	8,00
15,0	1,88	3,35	5,24	7,54	10,26	13,40	20,94	32,72	41,05	53,62	83,82	6,67
20,0	1,41	2,51	3,93	5,65	7,70	10,05	15,71	24,54	30,79	40,21	62,83	5,00
25,0	1,13	2,01	3,14	4,52	6,16	8,04	12,57	19,63	24,63	32,17	50,26	4,00

2.1.5 QUERSCHNITTE VON BALKENBEWEHRUNGEN A_S [cm²]

Stab-durchmesser Ø [mm]	Anzahl der Stäbe									
	1	2	3	4	5	6	7	8	9	10
6	0,28	0,57	0,85	1,13	1,41	1,70	1,98	2,26	2,54	2,83
8	0,50	1,01	1,51	2,01	2,51	3,02	3,52	4,02	4,52	5,03
10	0,79	1,57	2,36	3,14	3,93	4,71	5,50	6,28	7,07	7,85
12	1,13	2,26	3,39	4,52	5,65	6,79	7,92	9,05	10,2	11,3
14	1,54	3,08	4,62	6,16	7,7	9,24	10,8	12,3	13,9	15,4
16	2,01	4,02	6,03	8,4	10,1	12,1	14,1	16,1	18,1	20,1
20	3,14	6,28	9,42	12,6	15,7	18,8	22,0	25,1	28,3	31,4
25	4,91	9,82	14,7	19,6	24,5	29,5	34,4	39,3	44,2	49,1
28	6,16	12,3	18,5	24,6	30,8	36,9	43,1	49,3	55,4	61,6
32	8,04	16,1	24,1	32,2	40,2	48,3	56,3	64,3	72,4	80,4
40	12,57	25,1	37,7	50,3	62,8	75,4	88,0	100,5	113,1	125,7

2.1.6 ZWEISCHNITTIGE BÜGEL: QUERSCHNITTSWERTE a_s JE LÄNGENEINHEIT [cm²/m]

Maximale Bügelabstände für Balken	Abstand s [cm]	Bügeldurchmesser $Ø_{Bü}$ [mm]						Bügel pro m
		6	8	10	12	14	16	
Gemäß DIN EN 1992-1-1/NA Tabelle NA.9.1 bis C50/60: $V_{Ed} \leq 0{,}3\, V_{Rd,max}$ $0{,}7\,h$ bzw. 300 mm	6,0	9,42	16,76	26,18	37,70	51,31	67,02	16,7
	7,0	8,08	14,36	22,44	32,31	43,98	57,45	14,3
	7,5	7,54	13,40	20,94	30,16	41,05	53,62	13,3
	8,0	7,07	12,57	19,63	28,27	38,48	50,27	12,5
	9,0	6,28	11,17	17,45	25,13	34,21	44,68	11,1
	10,0	5,65	10,05	15,71	22,62	30,79	40,21	10,0
$0{,}3\, V_{Rd,max} < V_{Ed} \leq 0{,}6\, V_{Rd,max}$ $0{,}5\,h$ bzw. 300 mm	11,0	5,14	9,14	14,28	20,56	27,99	36,56	9,1
	12,0	4,71	8,38	13,09	18,85	25,66	33,51	8,3
$V_{Ed} > 0{,}6\, V_{Rd,max}$ $0{,}25\,h$ bzw. 200 mm	12,5	4,52	8,04	12,57	18,10	24,63	32,17	8,0
	15,0	3,77	6,70	10,47	15,08	20,53	26,81	6,7
	20,0	2,83	5,03	7,85	11,31	15,39	20,11	5,0
	25,0	2,26	4,02	6,28	9,05	12,32	16,08	4,0
	30,0	1,86	3,35	5,24	7,54	10,26	13,40	3,3

2.1.7 GRÖßTE ANZAHL (n) VON STÄBEN IN EINER LAGE BEI BALKEN

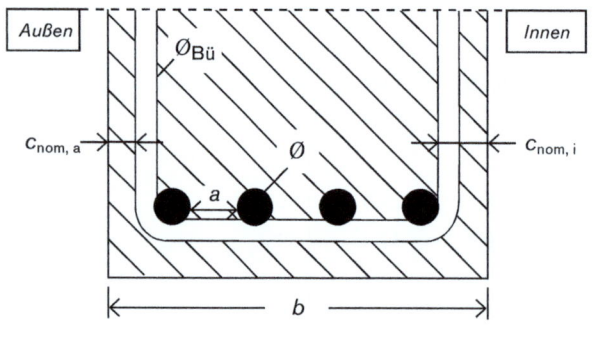

Hinweis: Randstäbe liegen im Scheitel der Biegung des Bügels

b Balkenbreite
$Ø$ Durchmesser Längsstab
$Ø_{Bü}$ Durchmesser Bügel
$D_{Bü}$ Biegerollendurchmesser Bügel mit $Ø_{bü} <$ 20 mm: $D_{Bü} = 4 \cdot Ø_{Bü}$; sonst $D_{Bü} = 7 \cdot Ø_{Bü}$
a lichter Stababstand mit $a \geq \max\{Ø; 20\,\text{mm}\}$
$c_{nom,a}$ Nennmaß der Betondeckung außen
$c_{nom,i}$ Betondeckung innen

Berechnung der maximalen Zahl „n" der Stäbe im Balkenquerschnitt:

$$n = \text{Ganzzahl}\left[\frac{b - c_{nom,a} - c_{nom,i} - 2 \cdot Ø_{Bü} - (1 - 1/\sqrt{2}) \cdot D_{Bü} - 1/\sqrt{2} \cdot Ø - Ø - a_{min}}{Ø + a_{min}}\right] + 2$$

Achtung: Der Wert innerhalb der eckigen Klammer ist ohne Aufrundung auf den ganzzahligen Anteil zu kürzen!

2.2 BETONSTAHLMATTE
2.2.1 GRUNDSÄTZLICHES

- Betonstahlmatten sind eine werksmäßig vorgefertigte flächige Bewehrung. Sie sind die vorzugsweise benutzte Bewehrung für flächige Bauteile.
- Betonstahlmatten bestehen aus zwei rechtwinklig zueinander verlaufenden Längs- und Querstäben derselben oder unterschiedlicher Nenndurchmesser und Länge, die an allen Kreuzungsstellen durch automatische Maschinen werkmäßig durch elektrisches Widerstandspunktschweißen (Buckelschweißen) verbunden wurden.
- Der Aufbau der Betonstahlmatten ist in Übereinstimmung mit den bewehrungsspezifischen Aspekten von DIN 488-4 und DIN EN 1992-1-1 (/NA) festgelegt.
- Die Stabdurchmesser liegen im Bereich von 6,0 bis 14,0 mm.
- Doppelstäbe (parallel liegende Stäbe) sind nur in Längsrichtung möglich.

2.2.2 BAUTECHNIK

Für die Bewehrung von Platten gilt bei Betonstahlmatten für den Stababstand s in Abhängigkeit der Plattendicke:

- Rechnerisch in Ansatz gebrachte Bewehrung: $h \geq 25$ cm: $s_L \leq 25$ cm
  (Zwischenwerte sind linear zu interpolieren) $h \leq 15$ cm: $s_L \geq 15$ cm

- Querbewehrung oder Bewehrung in minderbeanspruchter Richtung:
  für alle h: $s_L \leq 25$ cm

Bei zweiachsig gespannten Platten muss die Bewehrung der minderbeanspruchten Richtung mindestens 20 % der höher beanspruchten Richtung betragen.
Die Querbewehrung einachsig gespannter Platten muss ebenfalls mindestens 20 % der Zugbewehrung in Spannrichtung betragen.
Es gilt ein Mindestdurchmesser von 6,0 mm bei Betonstahlmatten.

2.2.3 TYPEN VON BETONSTAHLMATTEN

Bei den Betonstahlmatten unterscheidet man zwischen zwei Typen: **Lagermatten und Listenmatten**

Lagermatten werden nach einem fest vorgegebenen Typenprogramm in Längen von 6,0 m bei einer Breite von 2,30 m mit Stahlquerschnitten von 1,88 cm²/m bis zu 5,24 cm²/m hergestellt. Die Lagermatte mit dem Stahlquerschnitt 6,36 cm²/m hat eine abweichende Breite von 2,35 m.

Listenmatten sind Betonstahlmatten, deren Aufbau vom Konstrukteur gewählt und so an besonderen Bewehrungsaufgaben angepasst werden können.

2.2.4 AUFBAU VON BETONSTAHLMATTEN – schematische Darstellung

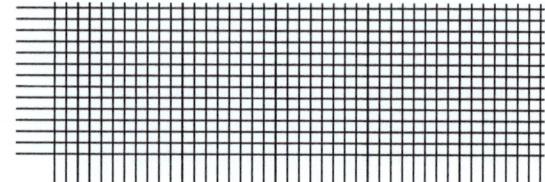

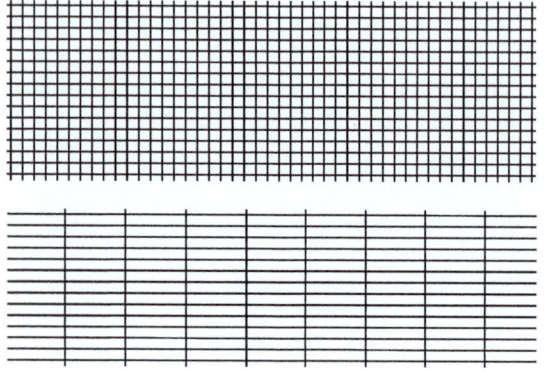

2.2.5 LAGERMATTENPROGRAMM

Die Kennzeichnung der Typen des Lagermattenprogramms erfolgt durch:
- Angabe der Bewehrungsanordnung (rechteckig R oder quadratisch Q)
- Angabe der Stahlquerschnittsfläche je Meter in cm²/m
- Angabe der Duktilitätsklasse

Matten-typ	Länge Breite [m]	Mattenaufbau in Längsrichtung und Querrichtung					Querschnitte		Gewicht		Überstände		Details Randausbildung Querschnittangaben zur seitlichen Darstellung eines Mattenrandes
		Stab-ab-stände [mm]	Stabdurchmesser		Anzahl der Längsrandstäbe (Randeinsparung)		längs [cm²/m]	quer	je Matte [kg]	m² [kg]	längs [mm]	quer	
			Innen-bereich [mm]	Rand-bereich [mm]	links	rechts							
Q188A/B[1]		150 150	6,0 6,0				1,88	1,88	41,7	3,02	75	25	keine Randeinsparung
Q257A/B[1]		150 150	7,0 7,0				2,57	2,57	56,8	4,12	75	25	keine Randeinsparung
Q335A/B[1]	6,00 2,30	150 150	8,0 8,0				3,35	3,35	74,7	5,38	75	25	keine Randeinsparung
Q424A/B[1]		150 150	9,0 9,0	/	7,0	- 4 / 4	4,24	4,24	84,4	6,12	75	25	Randeinsparung
Q524A/B[1]		150 150	10,0 10,0	/	7,0	- 4 / 4	5,24	5,24	100,9	7,31	75	25	Randeinsparung
Q636A/B[1]	6,00 2,35	100 125	9,0 10,0	/	7,0	- 4 / 4	6,36	6,28	132,0	9,36	62,5	25	Randeinsparung
R188A/B[1]		150 250	6,0 6,0				1,88	1,13	33,6	2,43	125	25	keine Randeinsparung
R257A/B[1]		150 250	7,0 6,0				2,57	1,13	41,2	2,99	125	25	keine Randeinsparung
R335A/B[1]	6,00 2,30	150 250	8,0 6,0				3,35	1,13	50,2	3,64	125	25	keine Randeinsparung
R424A/B[1]		150 250	9,0 8,0	/	8,0	- 2 / 2	4,24	2,01	67,2	4,87	125	25	Randeinsparung
R524A/B[1]		150 250	10,0 8,0	/	8,0	- 2 / 2	5,24	2,01	75,7	5,49	125	25	Randeinsparung

[1] i.d.R. nur begrenzte Lagerhaltung von Betonstahlmatten in Duktilitätsklasse B (B500B).

Typisches Aussehen einer Lagermatte mit Randeinsparung:

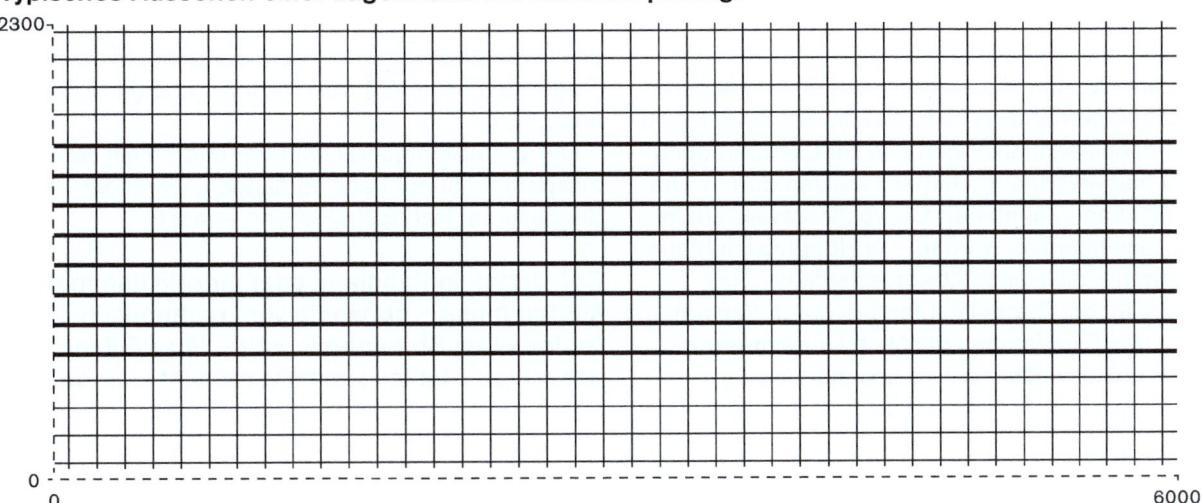

2.2.5.1 WICHTIGE HINWEISE FÜR LAGERMATTEN

Lagermatten werden i. d. R. aus gerippten Betonstählen B500A nach DIN 488:2009 hergestellt.

2.2.5.2 SYSTEME VON LAGERMATTEN

Allgemeines

- Sie werden vorzugsweise zur Bewehrung von Platten und Wänden herangezogen. Platten können einachsig oder zweiachsig gespannt sein, worauf der Aufbau der Lagermatten abgestimmt ist.
- Betonstahlmatten werden als untere und obere Bewehrung verwendet.
- Betonstahlmatten können nicht nur in ihrer Liefergröße eingesetzt, sondern auch geteilt (geschnitten) werden. Durch die Schweißung jedes Knotens ergeben sich auch bei kleinsten Elementen noch steife, transportfähige und verlegeleichte Mattenabschnitte.
- Beide Mattensysteme (R-Matten und Q-Matten) lassen sich einlagig oder mehrlagig verlegen, um auf den erforderlichen Stahlquerschnitt zu kommen.
- Bei mehreren Lagen an einer Stelle (besonders im Stoßbereich) ist auf die Einhaltung der zeichnungsgemäßen Lage im Bauteil zu achten.

R-Matten

- Die Nennquerschnittsfläche ist hier nur in der Hauptrichtung vorhanden, daher dienen die Matten zur einachsigen Lastabtragung.
- Die Haupttragrichtung ist dabei die Richtung der größeren Länge.
- In Querrichtung sind mindestens 20 % der Längsbewehrung vorhanden. Diese ist nach DIN EN 1992-1-1 (/NA) als Quer- (Verteiler-) Bewehrung gefordert.
- Die Querbewehrung kann auch rechnerisch in Ansatz gebracht werden, wenn der Stoß in dieser Richtung (Querrichtung) als Tragstoß ausgebildet wird (siehe Stoßlängen im ISB-Arbeitsblatt Nr. 7).

Q-Matten

- Diese Matten werden zumeist für die zweiachsige Lastabtragung verwendet, da die erforderliche Bewehrung in beiden Richtungen näherungsweise identisch ist.

2.2.5.3 RANDSPARMATTEN

Lagermatten werden in der Regel gestoßen, um größere Flächen abzudecken. Bei dem häufigeren Stoß in Querrichtung kommt es im Stoßbereich zu Querschnittsanhäufungen, die zur Lastabtragung nicht mitgerechnet (gemittelt) werden dürfen. Um die nicht anrechenbaren Querschnittsverstärkungen zu vermeiden, werden – in Haupttragrichtung gesehen – die Randstäbe geschwächt. Dies geschieht bei Doppelstabmatten durch Verwendung des Einzelstabes gleichen Durchmessers. Die Randschwächung wird üblicherweise in einem Bereich vorgenommen, der dem üblichen Tragstoß (Q-Matten) oder Verteilerstoß (R-Matten) entspricht.

Der volle Stahlquerschnitt der Matten mit Randeinsparung ist nur dann vorhanden, wenn der Stoß die gesamte Randschwächung erfasst.

Bei Matten in Randlage oder einzeln liegenden Matten muss – abhängig vom rechnerisch erforderlichen Stahlquerschnitt – über Zulagen der nötige Stahlquerschnitt erreicht werden.

2.2.5.4 MATTENSTÖßE

Der hauptsächlich bei Lagermatten angewendeten Stoß ist der **Zwei-Ebenen-Stoß**.

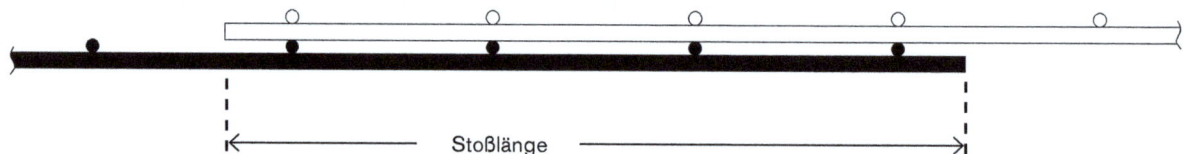

Die Stoßlängen (Übergreifungslängen) sind in Arbeitsblatt 7, Abschnitt 3.2 enthalten.

2.2.6 BIEGEN VON BETONSTAHLMATTEN (siehe auch Arbeitsblatt 8)

Ein Abstand von $4\varnothing$ zwischen nächstliegender Schweißstelle und Anfang der Abbiegung muss eingehalten werden, ansonsten gelten die Mindestwerte nach DIN EN 1992-1-1/NA, Tabelle NA.8.1.

2.2.7 LISTENMATTEN
2.2.7.1 AUFBAU

Vom Aufbau her sind folgende Vorgaben zu beachten:
- Mattenlänge von 3,0 m bis 12,0 m
- Mattenbreite von 1,85 m bis 3,0 m
- Längsstäbe als Einzel- und/oder Doppelstäbe möglich
- Längsstäbe, maximal zwei unterschiedliche Durchmesser
- Längsstäbe staffelbar (Feldspareffekt)
- Querstäbe nur als Einzelstäbe möglich
- Querstäbe, keine unterschiedlichen Durchmesser
- Querstäbe nicht staffelbar
- Wählbare Stabdurchmesser und Abstände siehe Tabelle 2.2.7.2
- Minimale Mattenüberstände $ü_1$ bis $ü_4$ = 25 mm
- Maximale Mattenüberstände $ü_1$ bis $ü_4$ = 100 d_s

2.2.7.2 MÖGLICHE DURCHMESSERKOMBINATIONEN UND STAHLQUERSCHNITTE

Gewicht eines Stabes	Längsstabdurchmesser	Querschnitt eines Stabes	▼ Querschnitt der Längsstäbe a_s längs — vorrangig verwendete Querschnitte unterlegt — Längsstababstand in mm											▼ Verschweißbarkeit			
			50	-	100	-	150	-	200	-	250	-	300	-	-	Einfachlängsstäbe	verschweißbar mit Einfachquerstäben	Doppellängsstäbe	verschweißbar mit Einfachquerstäben
			100 d^*	150 d^*	200 d^*											Ø	Ø von - bis	Ø	Ø von - bis
kg/m	mm	cm²	cm²/m													mm	mm	mm	mm
0,222	6,0	0,283	5,65	3,77	2,82	2,26	1,88	1,62	1,41	1,26	1,13	1,03	0,94	0,87	0,81	6,0	6,0 - 8,0	6,0 d	6,0 - 8,0
0,302	7,0	0,385	7,70	5,13	3,85	3,08	2,57	2,20	1,92	1,71	1,54	1,40	1,28	1,18	1,10	7,0	6,0 - 10,0	7,0 d	6,0 - 10,0
0,395	8,0	0,503	10,05	6,70	5,03	4,02	3,35	2,87	2,51	2,23	2,01	1,83	1,67	1,55	1,44	8,0	6,0 - 11,0	8,0 d	7,0 - 11,0
0,499	9,0	0,636	12,72	8,48	6,36	5,09	4,24	3,63	3,18	2,83	2,54	2,31	2,12	1,96	1,82	9,0	7,0 - 12,0	9,0 d	8,0 - 12,0
0,617	10,0	0,785	15,71	10,47	7,85	6,28	5,24	4,49	3,92	3,49	3,14	2,85	2,61	2,42	2,24	10,0	7,0 - 12,0	10,0 d	8,0 - 12,0
0,746	11,0	0,950	19,01	12,67	9,50	7,60	6,34	5,43	4,74	4,22	3,80	3,45	3,16	2,92	2,71	11,0	8,0 - 12,0	11,0 d	9,0 - 12,0
0,888	12,0	1,131	22,62	15,08	11,31	9,04	7,54	6,46	5,66	5,02	4,52	4,11	3,76	3,48	3,23	12,0	9,0 - 12,0	12,0 d	10,0 - 12,0
kg/m	mm	cm²	cm²/m																
	Querstabdurchmesser		50	75	100	125	150	175	200	225	250	275	300	325	350				
			Querstababstand in mm																
			vorrangig verwendete Querschnitte unterlegt																
			▲ Querschnitt der Querstäbe a_s quer ▲																

* Doppelstäbe nur als Längsstäbe

Gewichtsermittlung: Das Gewicht ergibt sich als Summe der Gewichte der einzelnen Stäbe.

2.2.7.3 BESCHREIBUNG DER LISTENMATTEN BEI BESTELLUNGEN

Listenmatten können bei regelmäßigem Mattenaufbau in Tabellenform beschrieben werden.

	Mattenaufbau			Umriß	Überstände		Feldspareffekt	
Stab-abstand	Stabdurchmesser	Stabanzahl am Rand		Länge	Anfang	Ende	Anfang	Länge
							der kurzen Stäbe	der kurzen Stäbe
	innen	Rand	links rechts	Breite	links	rechts		
Längsrichtung	s_L	$\cdot\ d_{s1}$ / d_{s2}	$-\ n_{links}$ / n_{rechts}	L	$ü_1$	$ü_2$	A_K	L_K
Querrichtung	a_Q	$\cdot\ d_{s3}$		B	$ü_3$	$ü_4$		

	Mattenaufbau			Umriß	Überstände		Feldspareffekt	
Stab-abstand	Stabdurchmesser	Stabanzahl am Rand		Länge	Anfang	Ende	Anfang	Länge
							der kurzen Stäbe	der kurzen Stäbe
	innen	Rand	links rechts	Breite	links	rechts		
Beispiel: 150	$\cdot$ 10,0d / 8,0d	$-$ 4	/ 4	7,50	75	625	2,00	3,50
100	$\cdot$ 9,0			2,45	25	625		

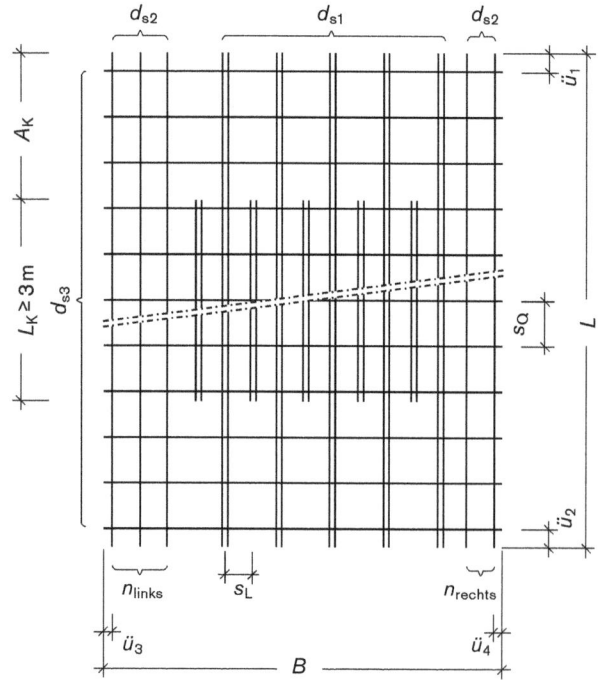

▲ Anfang (Einzug)

s_L = Abstand der Längsstäbe in mm
s_Q = Abstand der Querstäbe in mm
d_{s1} = Längsstabdurchmesser (Innenbereich)
d_{s2} = Längsstabdurchmesser (Randbereich)
d_{s3} = Querstabdurchmesser
d = Doppelstäbe (nur als Längsstäbe)
n_{links} = Anzahl Längsrandstäbe (am linken Rand)
n_{rechts} = Anzahl Längsrandstäbe (am rechten Rand)
L = Mattenlänge in m
B = Mattenbreite in m
$ü_1$ = Überstand am Mattenanfang in mm
$ü_2$ = Überstand am Mattenende in mm
$ü_3$ = Überstand am linken Mattenrand in mm
$ü_4$ = Überstand am rechten Mattenrand in mm
A_k = Abstand der kurzen Stäbe vom Mattenanfang
L_K = Länge der kurzen Stäbe in mm

2.2.7.4 GEBRÄUCHLICHE ARTEN VON LISTENMATTEN

2.2.7.4.1 MATTE FÜR EIN-EBENEN-STOß

Besonderheit:
Beim Übergreifungsstoß kommen die Matten in einer Ebene zum Liegen. Die Stabüberstände entsprechen der erforderlichen Übergreifungslänge.

Anwendung:
In flächigen Bauteilen mit geringen Konstruktionshöhen. Als obere Bewehrung zur Sicherung der Betondeckung.

2.2.7.4.2 EINACHSMATTE
(Streifenmatte)

Besonderheit:
Matten mit statisch erforderlicher Bewehrung nur in einer Richtung. Bewehrung in Querrichtung (nur aus Montagestäben) nicht anrechenbar.

Anwendung:
Bewehrung einer Platte mit je einer Mattenlage aus Einachsmatten je lastabtragender Richtung und als Zulagematten.

2.2.7.4.3 MATTEN MIT STAFFELUNG DER BEWEHRUNG

a) Einfachstabmatte mit einseitiger Staffelung

b) Matte mit gestaffelter Bewehrung über einem Unterzug

c) Doppelstabmatte mit zweiseitiger Staffelung

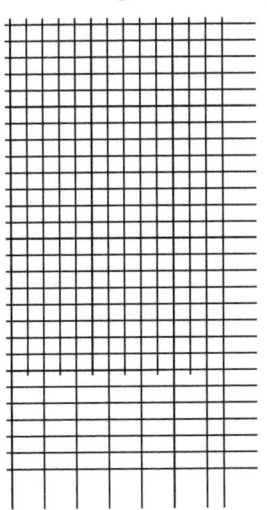
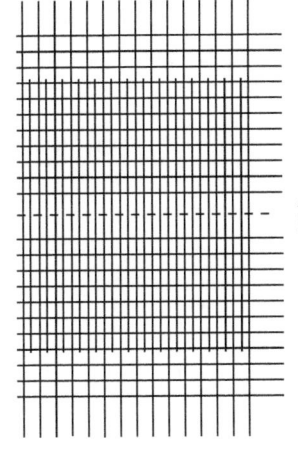

Achse des Unterzugs

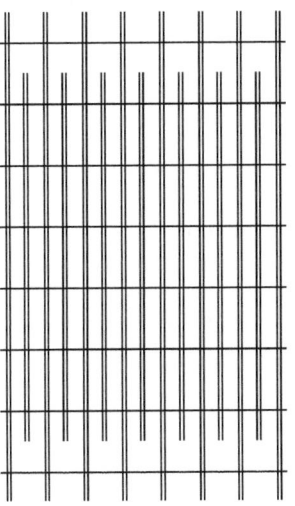

Besonderheit: Die Staffelung der Bewehrung erfolgt durch Variation des Stababstandes, des Stabdurchmessers und Doppelstäben.

2.2.7.4.4 MATTEN FÜR NICHT VORWIEGEND RUHENDE BELASTUNG – B500B-DYN (Sonderdyn)

Listenmatten mit Bereichen ohne Schweißstellen, in denen nach Allgemeiner Bauaufsichtlicher Zulassung (Z-1.3-195) eine erhöhte dynamische Beanspruchung $\Delta\sigma_{S,max} \leq 175$ N/mm² erlaubt ist.

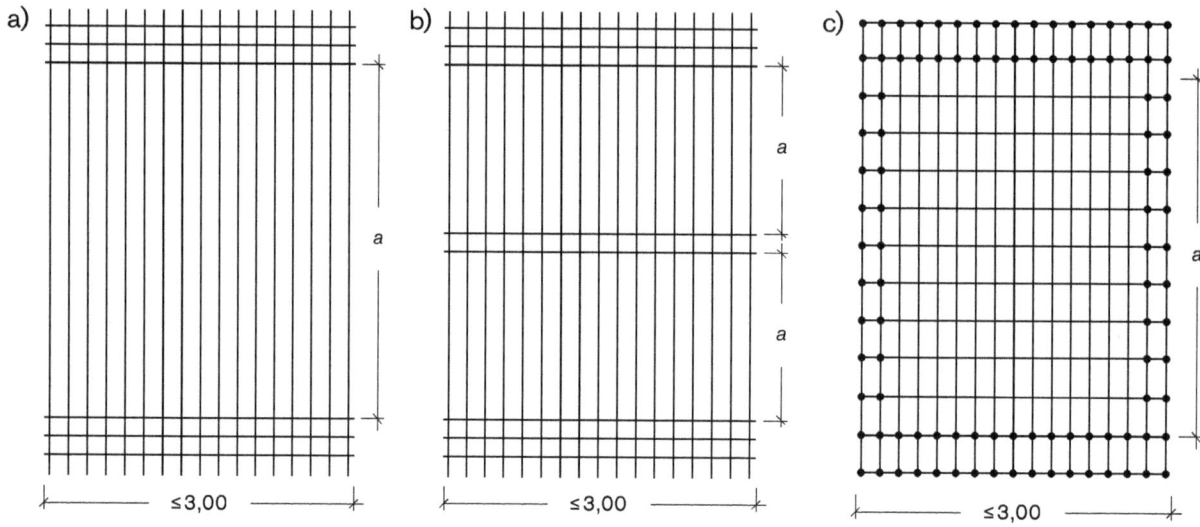

a) $a \leq 4,00$ m
Alle Kreuzungsstellen verschweißt.
An 2 Rändern mindestens je 3,
im Innenbereich mindestens 2 Stäbe anordnen.

c) Nicht alle Kreuzungsstellen verschweißt.
• : Schweißstelle

- Für die tragenden Stäbe werden große Stabdurchmesser und Einfach- statt Doppelstäbe empfohlen.
- Für die nichttragenden Querstäbe (Montagestäbe) sollten Stabdurchmesser gewählt werden, die an der oberen Grenze der zulässigen Verschweißbarkeitsverhältnisse liegen (Empfehlung $d_{sL}/d_{sQ} = 1,0$).

2.2.7.4.5 BÜGELMATTE FÜR SCHUBBEWEHRUNG (Querkraftbewehrung)

Besonderheit:
Der Aufwand beim händischen Zusammenbau von Einzelbügeln wird durch Bügelmatten wesentlich verringert.

Anwendung:
Bügelkörbe aus einachsigen Listenmatten für Schubbewehrung von Plattenbalken, Unterzüge, Stützen

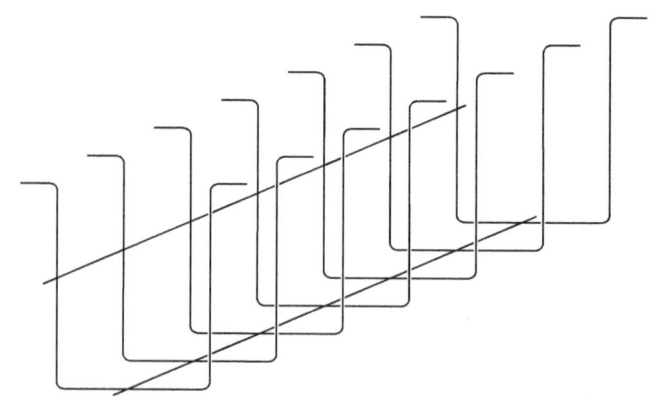

2.2.7.4.6 LISTENMATTEN FÜR RANDBEREICHE VON FLÄCHENTRAGWERKEN

Einsatzbereiche: Bügelkörbe für Einfassungen an Plattenrändern, Fugen u.ä.:
Anschlussbewehrung Wand/Wand, Wand/Boden u.ä.

Listenmatten: Zur Anwendung kommen vorwiegend einachsige Listenmatten
In der Regel:
- Bügelstäbe gleich Mattenlängsstäbe
- Montagestäbe (Länge der Körbe) gleich Mattenquerstäbe $\leq$ 3,00 m
- Durchmesser $\varnothing_L$ und Stababstände der Bügelstäbe
- Durchmesser $\varnothing_Q$ und Anordnung der Montagestäbe (= Querstäbe)
  nach konstruktiven Gesichtspunkten festlegen
  (Stabilität, Einbau der Körbe, Durchdringungen, Stapelfähigkeit).

Biegeformen: Biegeformen und Biegerollendurchmesser d_{br} können weitgehend nach den statisch-konstruktiven Anforderungen festgelegt werden. Möglichst einfache, stapelfähige Formen wählen.

Anordnung: Bügelkörbe werden normalerweise in Korblänge auf Lücke gelegt und stumpf gestoßen.

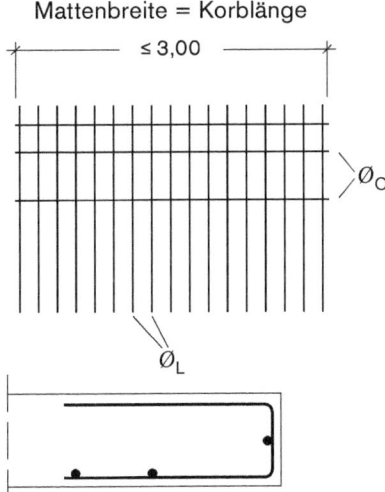
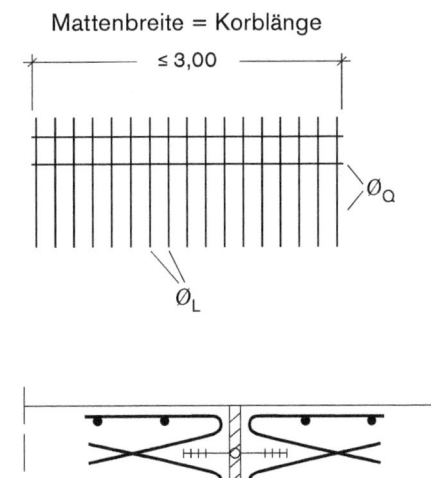

2.2.7.4.7 STANDARDISIERTE LISTENMATTEN (HS-Matten)

Für Durchdringungen und Eckverbindungen / hier: Biegestäbe gleich Querstäbe / Korblänge = 5 m

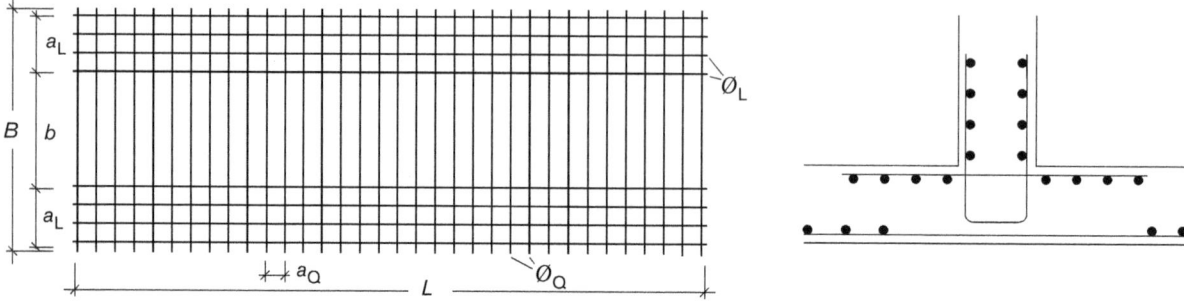

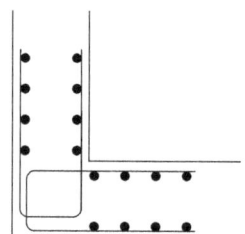

Kurz-bezeich-nung	Länge L m	Breite B m	Abstand Längsstäbe a_L mm	Abstand Längsstäbe b mm	Abstand Querstäbe a_Q mm	Stabdurch-messer längs/quer mm	Quer-schnitte quer cm²/m	Gewicht kg
HS 1	5,00	1,25	3 x 100	600	150	6,0/6,0	1,88	18,315
HS 2	5,00	1,85	3 x 150	900	150	6,0/6,0	1,88	22,844
HS 3	5,00	1,85	3 x 150	900	150	8,0/8,0	3,35	40,646

2.3 HINWEISE FÜR DEN KONSTRUKTEUR ZUR ANWENDUNG VON BETONSTAHLMATTEN

- Maximaler Stahlquerschnitt in einer Mattenlage: 22,62 cm²/m
- Verhältnis der statisch wirksamen Stahlquerschnitte längs zu quer: 1:1 bis 1:0,2
- **Einfachstäbe sind Doppelstäben vorzuziehen**
- Aufteilung des Grundrisses in „Mattenflächen" entsprechend Geometrie und Tragsystem
- Nutzung von Symmetrien und Rastern
- Verwendung von möglichst vielen Matten gleichen Aufbaus
- Nutzung möglicher Doppelfunktionen der Bewehrung (z.B. Unterstützungskorb als Querkraft-bewehrung (Querkraftbewehrung) und Unterstützung der oberen Bewehrung)
- Wahl von langen Überständen für Einebenenstöße, Verankerungen bei Durchdringungen
- Lange Überstände besonders in Querrichtung (einseitig) empfehlenswert
- Staffelung der Bewehrung lohnend ab einem Bewehrungsquerschnitt a_s von ca. 5,0 cm²/m und einer Mattenlänge > 5,0 m

3 BEWEHRUNGSDRAHT

- Bewehrungsdraht gilt nicht als Bewehrung mit hohem Verbund und darf daher nur für Sonderzwecke (z.B. Bewehrungen nach DIN 4035 oder DIN 4223) eingesetzt werden.
- Bewehrungsdraht wird in Ringen geliefert.
- Bewehrungsdrähte sind glatt (G) oder profiliert (P).
- Bewehrungsdraht ist unmittelbar vom Herstellwerk an den Verbraucher zu liefern.
- Er wird in den Durchmessern 6 mm bis 12 mm hergestellt.
- Die Festigkeitseigenschaften entsprechen B500A.

4 GITTERTRÄGER

Systeme: Gitterträger sind dreidimensionale, industriell vorgefertigte Bewehrungselemente. Sie bestehen aus einem Obergurt und einem (mehreren) Untergurt(en) sowie kontinuierlich verlaufenden oder unterbrochenen Diagonalen. Diese sind durch Schweißen mit den Gurten verbunden.
Einige Beispiele sind nachstehend schematisch dargestellt und die üblichen Abmessungen angegeben:

Querschnitt	Ansicht	Abmessungen	Anwendung	Anmerkung
		Höhe: 100-180 mm OG: Blechprofil UG: 2Ø 6 mm Diag: 2Ø 7-8 mm	Fertigplatten mit statisch mitwirkender Ortbetonschicht nach DIN EN 1992-1-1, 10.9.3	Vorgefertigte Stahlbetonplatte für unterstützungsfreie Montagespannweiten bis 5,25 m. (System MONTA-QUICK©)
		Höhe: 60-300 mm OG: Ø 8-16 mm UG: 2Ø 5-16 mm Diag: 2Ø 5-8 mm	Fertigplatten mit statisch mitwirkender Ortbetonschicht nach DIN EN 1992-1-1, 10.9.3	Die nun schon klassische Teilfertigdecke, millionenfach bewährt. Kein Schalen, kein Bewehren, kein Verputzen.
		Höhe: 80-300 mm OG: Ø 5 mm UG: 2Ø 5 mm Diag: 2Ø 6-7 mm	Fertigplatten mit statisch mitwirkender Ortbetonschicht nach DIN EN 1992-1-1, 10.9.3	Spezieller, besonders wirtschaftlicher Gitterträger für die Aufnahme von Schubkräften. Zulässig auch für nicht vorwiegend ruhende Belastung.
		Höhe: 110-290 mm OG: Ø 6-16 mm UG: 2Ø 5-14 mm Diag: 2Ø 5-8 mm	Balken-, Rippen- und Plattenbalkendecken mit Betonfußleisten oder Fertigplatten nach DIN EN 1992-1-1	Die wirtschaftliche Deckenkonstruktion besonders für den selbsttätigen Eigenheimbauer. Hohlkörper aus Beton oder Ziegeln.
		Höhe: 130-360 mm OG: Ø 6-8 mm UG: 2Ø 5 mm Diag: 2Ø 5-6 mm	Wände nach DIN EN 1992-1-1, 9.6 und 9.7	Vorgefertigte Stahlbeton-Plattenwand, die auf der Baustelle mit Ortbeton ausgegossen wird. Bemessung erfolgt für den Gesamtquerschnitt so, als ob er in einem Guss hergestellt wäre. Zulässig für nicht vorwiegend ruhende Verkehrslasten.
		Höhe: 130-400 mm OG: Ø 8 mm UG: 2Ø 6-7 mm Diag: 2Ø 6-8 mm		

OG: Obergurt, UG: Untergurt, Diag: Diagonale

Verwendungszweck: Gitterträger dienen im Wesentlichen als Verbund-/Schubbewehrung von Fertigplatten mit statisch mitwirkender Ortbetonschicht. Sie können ferner zur Erzielung einer ausreichenden Montagesteifigkeit von Fertigplatten im Bauzustand benutzt werden. Bei besonders großen Montagestützweiten (> 5 m) wird der Obergurt durch ein Blech ersetzt und bereits im Fertigteilwerk ausbetoniert.
Bei punktförmig gestützten Platten können sie als Durchstanzbewehrung eingesetzt werden. In vorgefertigten Stahlbeton-Plattenwänden, die auf der Baustelle mit Beton verfüllt werden, kann der Gitterträger alle in Frage kommenden Bewehrungsaufgaben übernehmen. Je nach Zulassungsbescheid können Gitterträger auch für nicht vorwiegend ruhende Belastung eingesetzt werden.

Regelung: Gitterträger werden in Deutschland nach Allgemeiner Bauaufsichtlicher Zulassung hergestellt.

5 WERKSTOFFKENNWERTE FÜR BETONSTÄHLE ALLER LIEFERFORMEN

Streckgrenze: 500 N/mm^2

E-Modul: 200.000 N/mm^2

Verbund: alle Betonstähle (Ausnahme: Bewehrungsdraht) sind Stähle mit hohem Verbund

Biegefähigkeit: alle Betonstähle gestatten Biegungen gemäß DIN EN 1992-1-1/NA, NDP Zu 8.3 (siehe ISB-Arbeitsblatt 8)

Schweißeignung: alle Betonstähle sind schweißgeeignet (siehe ISB-Arbeitsblatt 10)

Dauerschwingfestigkeit: alle Betonstähle können auf Ermüdung bemessen werden (siehe DIN EN 1992-1-1/NA, Tabelle NA.C.2 und ISB-Arbeitsblatt 9)

Duktilität:

Normale Duktilität (A): $R_m/R_e \geq 1{,}05$ [-] $A_{gt} \geq 2{,}5\,\%$

Hohe Duktilität (B): $R_m/R_e \geq 1{,}08$ [-] $A_{gt} \geq 5{,}0\,\%$

Dichte: 7,85 t/m^3

Wärmeausdehnungskoeffizient (Näherung): $10 \cdot 10^{-6}$ 1/K

Spezifische Wärme (Näherung): 600 J/kgK

Thermische Leitfähigkeit (Näherung): 45 W/mK

INSTITUT FÜR STAHLBETONBEWEHRUNG E.V.

BEWEHREN VON STAHLBETONTRAGWERKEN
nach DIN EN 1992-1-1 mit Nationalem Anhang

Stand 06/19

Arbeitsblatt 2
IDENTIFIZIEREN VON BETONSTAHL
Lieferprogramme der Hersteller

1 ALLGEMEINES

Betonstähle, hergestellt nach DIN 488-1:2009-08 oder einer gültigen Allgemeinen Bauaufsichtlichen Zulassung, haben ein einheitliches **Kennzeichnungssystem**. Dieses ermöglicht das Erkennen der Stahlsorte und des Herstellwerks. Die **Stahlsorte** ist über die Oberflächengestalt – Anzahl der Rippenreihen – zu identifizieren (siehe Abschnitt 2), das **Herstellwerk** über ein Werkkennzeichen – Prägemerkmal – (siehe Abschnitt 3).

2 STAHLSORTE (DUKTILITÄTSKLASSE)

In diesem Abschnitt werden nur die Stahlsorten behandelt. Für weitere Informationen zum jeweiligen Bewehrungsprodukt siehe Arbeitsblatt 1.

2.1 BETONSTABSTAHL (6,0 mm ≤ Ø ≤ 40,0 mm)

Betonstabstahl wird nach DIN 488-2 aus der Sorte B500B hergestellt. Betonstabstahl B500B hat entweder zwei oder vier Reihen von Schrägrippen. Der Betonstabstahl kann mit oder ohne Längsrippen hergestellt werden. Zusätzlich kann auch Ringmaterial in Form von abgewickelten Erzeugnissen zu Betonstabstahl weiterverarbeitet werden. Hat dieses Produkt zwei oder vier Rippenreihen, handelt es sich i.d.R. um die Betonstahlsorte B500B. Betonstabstahl, der aus abgewickeltem, kaltverformtem Ringmaterial hergestellt wurde, hat drei Rippenreihen und gehört zur Sorte B500A. Der Neigungswinkel der Schrägrippen zur Stabachse (β) muss bei beiden Betonstahlsorten 40° bis 70° betragen. Bei Rippenreihen mit alternierenden Neigungswinkeln dürfen diese 35° bis 75° betragen. Es folgen Beispiele.

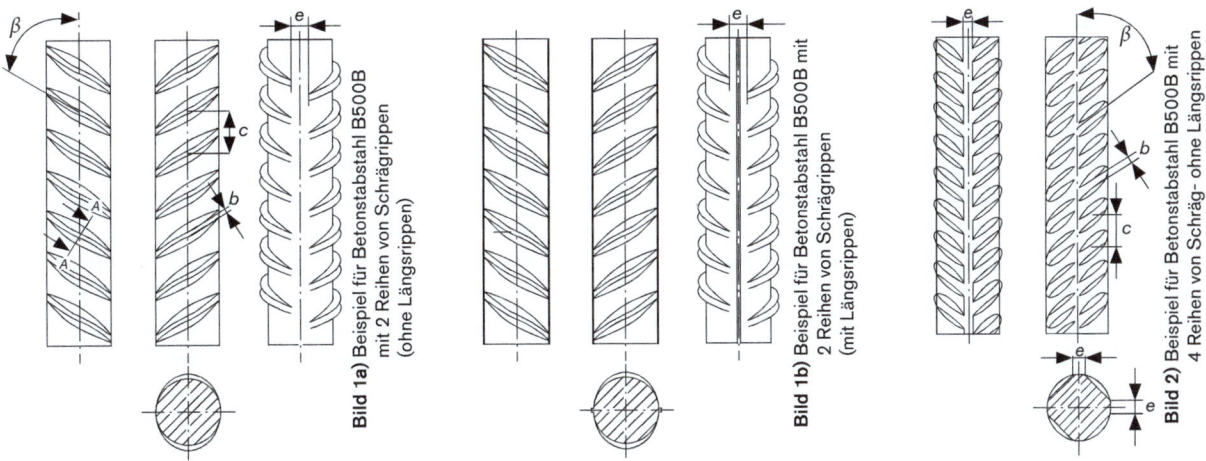

Bild 1a) Beispiel für Betonstabstahl B500B mit 2 Reihen von Schrägrippen (ohne Längsrippen)

Bild 1b) Beispiel für Betonstabstahl B500B mit 2 Reihen von Schrägrippen (mit Längsrippen)

Bild 2) Beispiel für Betonstabstahl B500B mit 4 Reihen von Schräg- ohne Längsrippen

2.2 BETONSTAHL IN RINGEN

Betonstahl in Ringen wird nach DIN 488-3 in den Sorten B500A und B500B hergestellt. Die Sortenkennzeichnung erfolgt analog zum Betonstabstahl (siehe Bilder unter 2.1) mit drei Rippenreihen bei B500A und zwei bzw. vier Rippenreihen bei B500B.

Die historisch verwendeten Bezeichnungen KR und WR lassen Rückschlüsse auf den Herstellprozess (KR = Kaltgereckter Betonstahl und WR = Warmgewalzter Betonstahl) zu, werden jedoch heute nicht mehr verwendet. Baupraktisch wird nur noch zwischen den Sorten bzw. Duktilitätsklassen A und B unterschieden.

2.3 BETONSTAHLMATTEN

Für Betonstahlmatten werden Betonstähle der Sorten B500A und B500B verwendet. Bei der Bezeichnung der Matte nach DIN 488-4 ist die Sorte bei der Bezeichnung anzugeben. Für eine eindeutige Beschreibung sind außerdem die Nennmaße des Erzeugnisses (Maße der Stäbe, Maße der Betonstahlmatte, Abstand der Stäbe, Überstände) anzugeben. Für eine vereinfachte Planung und kurze Lieferzeiten wurden Standardquerschnitte definiert und in einem Lagemattenprogramm zusammengefasst. Betonstahlmatten des Lagermattenprogramms werden i.d.R. durch den Handel in ausreichender Menge vorgehalten. Für Querschnitte und Bezeichnungen siehe Arbeitsblatt 1, Abs. 2.2.5.

Die Identifizierung der Betonstahlsorte erfolgt analog zum Betonstabstahl (siehe Bilder unter 2.1) mit drei Rippenreihen bei B500A und zwei bzw. vier Rippenreihen bei B500B.

Für Betonstahlmatten können Betonstähle mit den Durchmessern ⌀ 6 mm bis ⌀ 12 mm (B500A) bzw. ⌀ 14 mm (B500B) verwendet werden.

Hinweis: Die Kennzeichnung für Lagermatten, Listenmatten und Betonstahlmatten gemäß Allgemeiner Bauaufsichtlicher Zulassung erfolgt analog zu DIN 488 (siehe Arbeitsblatt 1, Abs. 2.2).

2.4 BEWEHRUNGSDRAHT B500A+G UND B500A+P

Bewehrungsdraht ist kein Betonstahl im Sinne der DIN EN 1992-1-1. Der Bewehrungsdraht ist entweder glatt (G) oder profiliert (P).

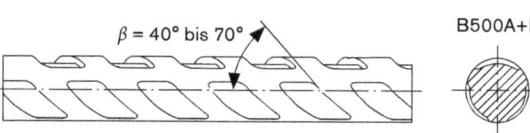

2.5 GITTERTRÄGER

Gitterträger sind zwei- oder dreidimensionale Bewehrungselemente bestehend aus einem Obergurt, einem oder mehreren Untergurten und durchgehenden oder unterbrochenen Diagonalen, die durch eine Schweißverbindung an allen Berührungspunkten verbunden sind. Gitterträger müssen sowohl das Kennzeichen des Herstellers (Verschweißerkennzeichen) als auch das des Herstellers des Gitterträgervormaterials (Werkkennzeichen) tragen. Verschweißerkennzeichen und Werkkennzeichen sind bei Selbsterzeugern des Gitterträgervormaterials identisch, bei Fremdbezug des Gitterträgervormaterials sind zwei unterschiedliche Werkkennzeichen vorhanden. Das Verschweißerkennzeichen muss gut wahrnehmbar und witterungsbeständig sein und ist im Abstand von zirka 1 m zu wiederholen. Neben der Angabe des Herstellers muss auf den Etiketten die Bezeichnung des Gitterträgers einschließlich Höhe, Stabdurchmesser und Stahlsorten erkennbar sein. **Für den Aufbau des Gitterträgers können unterschiedliche Betonstahlsorten verwendet werden.**
Für weitere Hinweise siehe Arbeitsblatt 1, Abs. 4.

3 WERKKENNZEICHEN

3.1 HERSTELLERKENNZEICHEN

Das Werkkennzeichen für das **Herstellwerk** ist durch eine Abfolge des kennzeichnenden Prägemerkmals, wie
- dicke und normal breite Rippen
- kleine Rippen oder Punkte, die zwischen normal breiten Rippen angebracht werden
- weggelassene Rippen

erkennbar.

Der Anfang ist durch Verdoppelung des kennzeichnenden Prägemerkmals festgelegt. Darauf folgt die Kennzahl für das Land (den Staat), in dem der Hersteller produziert, und anschließend die Kennzahl für den Hersteller. Das Werkkennzeichen muss sich im Abstand von max. 1,50 m wiederholen.

Beispiele:

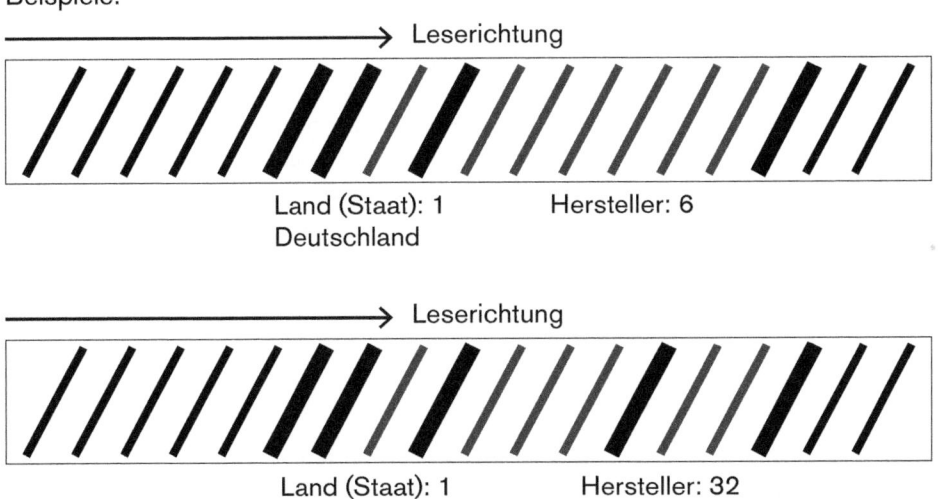

Dieses Arbeitsblatt enthält in Abschnitt 7 und 8 die Werkkennzeichen aller deutschen Betonstahlhersteller, die Mitglied im Institut für Stahlbetonbewehrung e.V. (ISB) sind.

3.2 MÖGLICHE ARTEN DER ANBRINGEUNG DES WERKKENNZEICHENS

Beschreibung	Bild (schematisch)	Angewandt bei
Verdickte Rippen	Leserichtung → / Land (Staat): 1 Deutschland / Hersteller: 6	B500A B500B
Zwischenrippen		B500A (Betonstahlmatten)
Weglassen von Rippen		

4 KENNZEICHNUNG DES WEITERVERARBEITERS

Jeder Weiterverarbeiter von Betonstahl in Ringen benötigt einen gültigen bauaufsichtlichen Eignungsnachweis (Übereinstimmungszertifikat einer anerkannten Zertifizierungsstelle). Mit der Erteilung des Übereinstimmungszertifikates durch die anerkannte Zertifizierungsstelle erhält der Weiterverarbeiter von Betonstahl in Ringen ein Verarbeiterkennzeichen. Dieses besteht in der Regel aus einer Kombination von zwei Buchstaben.

Das Verarbeiterkennzeichen ist auf jedem Betonstahlprodukt als Prägezeichen aufzubringen oder auf ein an jedem Bund befestigtes Etikett zu drucken. Zudem muss auf einem Anhängeschild oder Lieferschein das Betonstahlprodukt mit einem Ü-Zeichen gekennzeichnet werden. Eine Kennzeichnung durch den Weiterverarbeiter ist nicht erforderlich, wenn das gerichtete Material ausschließlich von ihm selbst unmittelbar zur Bewehrung von Fertigteilen verwendet wird.

5 ÜBEREINSTIMMUNGSZEICHEN (Ü-Zeichen)

Betonstahl muss in Deutschland aktuell mit einem Übereinstimmungszeichen (Ü-Zeichen) gekennzeichnet werden. Wird Betonstahl über den Handel an den Verwender geliefert, ist vom Händler durch Beifügung der mit dem Ü-Zeichen versehenen Anlage zu bestätigen, dass der Betonstahl überwacht ist. Bei Lieferung von Betonstahl mehrerer Hersteller dürfen diese Anlagen in eine Sammelbescheinigung übertragen werden.

Für Betonstahl in Ringen kann dem Besteller in Übereinstimmung mit den Vereinbarungen bei der Bestellung auf Anforderung zusätzlich eine Prüfbescheinigung nach DIN EN 10204:2005-01 für die Lieferung zur Verfügung gestellt werden. Dabei ist für gewöhnlich eine Werksbescheinigung Typ 2.1 des Herstellers ausreichend.

6 BETONSTAHL NACH ALLGEMEINER BAUAUFSICHTLICHER ZULASSUNG

Wird in den oben genannten Abschnitten vornehmlich Bezug auf Betonstahl nach DIN 488 Teile 1-6 genommen, so lassen sich diese Aussagen im Wesentlichen auch auf Betonstähle nach Allgemeiner Bauaufsichtlicher Zulassung übertragen. Im Einzelfalle sind jedoch die in der Zulassung genannten abweichenden Merkmale zu berücksichtigen.

7 VERZEICHNIS DER HERSTELLENDEN ISB-MITGLIEDER UND IHRER PRODUKTE (Herstellerangaben)

Herstellwerk	Bewehrungsprodukt	Betonstahlsorte	Durchmesser [mm]	Werk-kennzeichen
Badische Drahtwerke GmbH Weststr. 31, 77694 Kehl Telefon: 07851/83-0 Fax: 07851/83-594 info@bdw-kehl.de www.bdw-kehl.de	Betonstahl Ring Betonstahlmatten Bewehrungsdraht Gitterträger	B500A B500A, B500B, B500B(TWR) B500A+G, B500A+P B500A, B500B	6–12 4–12 4–12 5–16	1/58 1/58 1/58 1/58
Badische Stahlwerke GmbH Graudenzer Str. 45, 77694 Kehl Telefon: 07851/83-0 Fax: 07851/83-496 info@bsw-kehl.de www.bsw-kehl.de	Betonstahl Ring Betonstahl Stab	B500B (TWR) B500B	6–25 10–40	1/21 1/21
BBS Bayerische Bewehrungsstahl GmbH Siefenwanger Str. 35 86424 Dinkelscherben Telefon: 08292/960-0 Fax: 08292/960-199 mail@bayerische-bewehrungsstahl.de www.bayerische-bewehrungsstahl.de	Betonstahlmatten Betonstahlmatten Bewehrungsdraht	B500A B500B B500A+G, B500A+P	4–12 4–12 4–12	1/32 1/32 1/32
BESTA Eisen- und Stahlhandels GmbH Zur Rauhen Horst 7, 32312 Lübbecke Telefon: 05741/271-0 Fax: 05741/271-125 info-besta@baustahlgewebe.com www.besta-eisenundstahl.de	Betonstahl Ring Betonstahlmatten Bewehrungsdraht Gitterträger	B500A, B500A, B500B, B500B(TWR) B500A+G, B500A+P B500A, B500A+G, B500B	6–12 4–12 4–12 5–16	1-35, 1-35, 1-21 1-35 1-35
Drahtwerk Plochingen GmbH Am Nordseekai 37–39 73207 Plochingen Telefon: 07153/7027-0 Fax: 07153/7027-50 mail@drahtwerk-plochingen.de www.drahtwerk-plochingen.de	Betonstahl Ring Betonstahlmatten Bewehrungsdraht Gitterträger	B500A B500A, B500B, B500B(TWR) B500A+G, B500A+P B500A , B500B	6–12 4–12 4–12 5–16	1/23 1/23 1/23 1/23
FILIGRAN Trägersysteme GmbH & Co. KG Zappenberg 6, 31633 Leese Telefon: 05761/92 25-0 Fax: 05761/92 25-40 info@filigran.de www.filigran.de				
WERK Leese/Weser	Gitterträger nach Zulassung Bewehrungsdraht Betonstahl im Ring	B500A, B500B B500A+G B500A	6–12 5–12 6–12	1/4 1/4 1/4
WERK Klieken	Gitterträger nach Zulassung Bewehrungsdraht Betonstahl im Ring	B500A, B500B B500A+G B500A	6–12 5–12 6–12	1/5 1/5 1/5

Herstellwerk	Bewehrungsprodukt	Betonstahlsorte	Durchmesser [mm]	Werkkennzeichen
Hessische Bewehrungsstahl GmbH Rheinstraße 31–39 65795 Hattersheim Telefon: 06190/9188-0 Fax: 06190/9188-45 produktion-hattersheim@hbs-gmbh.net www.hessische-bewehrungsstahl.de	Betonstahl Ring Betonstahlmatten Bewehrungsdraht Gitterträger	B500A B500A, B500B, B500B (TWR) B500A+G, B500A+P B500A, B500B	6 – 12 4 – 12 4 – 12 5 – 16	1/23 1/23 1/23 1/23
Neckar Drahtwerke GmbH Friedrichsdorfer Landstr. 54–58 69412 Eberbach Telefon: 06271/82-0 Fax: 06271/82-413 contact@neckardraht.de www.neckardraht.de	Bewehrungsdraht	B500A+G, B500A+P	4 – 12	1/13
SBS Sächsische Bewehrungsstahl GmbH Industriestr. A 4, 01612 Glaubitz Telefon: 035265/51560 Fax: 035265/56897 mail@saechsische-bewehrungsstahl.de www.saechsische-bewehrungsstahl.de	Betonstahl Ring Betonstahlmatten Bewehrungsdraht Bewehrungselemente	B500A B500A, B500B, B500B/TWR, B500B-dyn B500A+G, B500A+P B500A, B500B	6 – 12 4 – 12 4 – 12	1/28 1/28 1/28 1/28
WDI Westfälische Drahtindustrie GmbH WERK Brandenburg/Havel Kummerléstr. 1 14770 Brandenburg/Havel Tel.: 03381/7937-850 Fax: 03381/7937-879 wdi_salzgitter@wdi-sz.de www.wdi.de	Bewehrungsdraht	B500A+G / B500A+P	4 – 12	1/29
WERK Salzgitter Museumstr. 64 38229 Salzgitter Tel.: 05341/8887-0 Fax: 05341/8887-85 wdi_salzgitter@wdi-sz.de www.wdi.de	Betonstahlmatten Betonstahl im Ring	B500A B500A	4 – 12 6 – 12	1/24 1/24

Das **DIBt,** Deutsches Institut für Bautechnik, veröffentlicht regelmäßig die vollständige Auflistung aller Betonstahlhersteller und Weiterverarbeiter unter dem Titel *Betonstahlverzeichnisse* in der jeweils aktuellen Fassung.
(www.dibt.de/de/Service/Dokumente-Listen-Betonstahlverzeichnisse.html). Hier Stand 05-2017.

8 ZULASSUNGEN DER ISB-MITGLIEDSWERKE FÜR ANDERE STAATEN (Herstellerangaben)

Herstellwerk	Land	Bewehrungsprodukt	Betonstahlsorte	Werkkennzeichen
Badische Drahtwerke GmbH Weststr. 31 77694 Kehl Telefon: 07851/83-0 Fax: 07851/83-594 info@bdw-kehl.de www.bdw-kehl.de	Belgien	Gitterträger	B500A, B500B	1/58
	Frankreich	Betonstahlmatten	B500A, B500B	1/58
		Bewehrungsdraht	B500A	1/58
		Gitterträger	B500A, B500B	1/58
	Niederlande	Gitterträger	B500A, B500B	1/58
	Österreich	Betonstahl im Ring	B550A	64
		Gitterträger	B500A	64
	Schweiz	Betonstahl im Ring	B500A	1/58
		Betonstahlmatten	B500A	1/58
Badische Stahlwerke GmbH Graudenzer Str. 45 77694 Kehl Telefon: 07851/83-0 Fax: 07851/83-496 info@bsw-kehl.de www.bsw-kehl.de	Österreich	Betonstahl Ring BSW 500 TWR	B500B	21 oder 62 oder 70
		Betonstahl Ring BSW 550 TWR	B550B	21 oder 62 oder 53
		Betonstahl Stab BSW 550 TS	B550B	53
		Betonstahl Stab TC 550-BSW	B550B	21
	Belgien	Betonstabstahl BE 500 S	B500B	1/21
		Betonstahl in Stäben BE 500 TS	B500B	1/21
		Betonstahl in Ringen BE 500 TS	B500B	1/21
	Dänemark	Betonstabstahl B550B	B550B	1/21
		Betonstabstahl B500B	B500B	1/21
		Betonstabstahl B500C	B500C	1/21
		Betonstahl in Ringen B500B	B500B	1/21
		Betonstahl in Ringen B550B	B550B	1/21
	Finnland	Betonstahl in Stäben A500HW und B500B	B500B	1/21
		Betonstahl in Ringen A500HR und B500B	B500B	1/21
	Frankreich	Betonstabstahl NERKOR 500 S	B500B	1/21
		Betonstahl in Stäben BIRI 500	B500B	1/21
		Betonstahl in Ringen BIRI 500	B500B	1/21
	UK	Betonstabstahl Grade B500B	B500B	1/21
		Betonstabstahl Grade B500C	B500C	1/21
		Betonstahl in Ringen Grade B500B	B500B	1/21
		Betonstahl in Ringen Grade 250	Grade 250	glatt
	Niederlande	Betonstabstahl B500B und FeB 500 HWL	B500B	1/21
		Betonstahl in Stäben B500B und FeB 500 HK	B500B	1/21
		Betonstahl in Ringen B500B und FeB 500 HK	B500B	1/21
	Norwegen	Betonstabstahl B500NC	B500C	1/21
		Betonstabstahl B500NB	B500B	1/21
		Betonstahl in Ringen B500NC	B500C	1/21
		Betonstahl in Ringen B500NB	B500B	1/21

Herstellwerk	Land	Bewehrungsprodukt	Betonstahlsorte	Werk-kennzeichen
Badische Stahlwerke GmbH Graudenzer Str. 45 77694 Kehl Telefon: 07851/83-0 Fax: 07851/83-496 info@bsw-kehl.de www.bsw-kehl.de	Polen	Betonstabstahl B500B Betonstahl in Ringen B500B	B500B B500B	1/21 1/21
	Schweden	Betonstahl in Stäben K500B-T Betonstahl in Stäben K500C-T Betonstahl in Stäben K500B-KR Betonstahl in Ringen K500B-KR Betonstahl in Ringen K500C-KR	B500B B500C B500B B500B B500C	1/21 1/21 1/21 1/21 1/21
	Schweiz	Betonstabstahl BSW Tempcore Betonstahl BSW-Seismic 500 Betonstahl in Stäben BSW-Superring TWR Betonstahl in Ringen BSW-Superring TWR Betonstahl in Ringen BSW-Seismic-Ring 500	B500B B500C B500B B500B B500C	1/21 1/21 1/21 1/21 1/21
	Tschechien	Betonstahl in Stäben B500B Betonstahl in Ringen B500B	B500B B500B	1/21 1/21
	Ungarn	Betonstahl in Stäben TC550BSW und B 60.50	B550B	1/21
BBS Bayerische Bewehrungsstahl GmbH Siefenwanger Str. 35 86424 Dinkelscherben Telefon: 08292/960-0 Fax: 08292/960-199 mail@bayerische-bewehrungsstahl.de www.bayerische-bewehrungsstahl.de	Österreich	Betonstahl Ring Betonstahl Stab Betonstahlmatten weiterverarbeiteter Betonstahl in Ringen	B550A B550A B550A B550	1/15 1/15 1/15 variabel
BESTA Eisen- und Stahlhandels GmbH Zur Rauhen Horst 7 32312 Lübbecke Telefon: 05741/271-0 Fax: 05741/271-125 info-besta@baustahlgewebe.com www.besta-eisenundstahl.de	Niederlande	Betonstahlmatten Gitterträger Betonstahl Ring weiterverarbeiteter Betonstahl in Ringen	B500A, B500B B500A B500A, B500A, B500B	1-35, 1-21 1-35 1-35, 1-21 1-35, 1-21
	Finnland	Betonstahlmatten	B500A	1-35
	Dänemark	Betonstahlmatten weiterverarbeiteter Betonstahl in Ringen	B500A, B500B, B550A, B550B B500A, B500B, B550A, B550B	1-35, 1-21 1-35, 1-21
	Schweden	Betonstahlmatten Gitterträger	NK500AB-W, NK500B-K NK500AB-W, NK500B-K	1-35, 1-21 1-35, 1-21
	Norwegen	Betonstahlmatten Gitterträger weiterverarbeiteter Betonstahl in Ringen	B500NA, B500NB, B500NC B500NA, B500NB B500NB, B500NC	1-35, 1-21 1-35, 1-21 1-21
	Belgien	Betonstahlmatten Gitterträger Betonstahl Ring	DE500BS, BE500TS DE500BS, BE500TS DE500BS	1-35, 1-21 1-35, 1-21 1-35

Herstellwerk	Land	Bewehrungsprodukt	Betonstahlsorte	Werk-kenn-zeichen
Drahtwerk Plochingen GmbH Am Nordseekai 37–39 73207 Plochingen Telefon: 07153/7027-0 Fax: 07153/7027-50 mail@drahtwerk-plochingen.de www.drahtwerk-plochingen.de	Österreich	Betonstahlmatten	B550A	47
	Schweiz	Betonstahlmatten	B500A, B500B, B500B(TWR)	1/78 (A-Güte), 1/21 (B-Güte)
Hessische Bewehrungsstahl GmbH Rheinstraße 31–39 65795 Hattersheim Telefon: 06190/9188-0 Fax: 06190/9188-45 produktion-hattersheim@ hbs-gmbh.net www.hessische-bewehrungsstahl.de	Belgien	Gitterträger Betonstahlmatten Betonstahl im Ring weiterverarbeiteter Betonstahl vom Ring	B500A, B500B B500A B500A B500A	1/23 1/23 1/23 1/23
	Frankreich	weiterverarbeiteter Betonstahl vom Ring	B500B	1/23
	Niederlande	Gitterträger Betonstahlmatten Betonstahl im Ring weiterverarbeiteter Betonstahl vom Ring	B500A, B500B B500A, B500B(WR) B500A B500A, B500B(WR)	1/23 1/23 1/23 1/23
	Österreich	Betonstahl im Ring Betonstahlmatten aus Ringen gerichteter Bewehrungsstahl	B550A B550A B550A, B550B	1/46 1/46 1/46
SBS Sächsische Bewehrungsstahl GmbH Industriestr. A 4 01612 Glaubitz Telefon: 035265/51560 Fax: 035265/56897 mail@saechsische-bewehrungsstahl.de www.saechsische-bewehrungsstahl.de	Dänemark	Betonstahlmatten	B550B	1/21
	Niederlande	Betonstahl Ring Betonstahlmatten Betonstahl Stab Bewehrungselemente	B500A B500A B500A B500A, B500B	1/28 1/28 1/28 1/28, 1/21
	Polen	Betonstahl Ring Bewehrungsdraht	B500A B500A+G, B500A+P	1/28 1/28
	Tschechien	Betonstahlmatten	B500A	1/28

9 ERLÄUTERUNG DER KURZBEZEICHNUNGEN (zu 7)

Betonstabstahl:	Gerippter Betonstabstahl **B500B** warmgewalzt und aus der Walzhitze wärmebehandelt oder ohne Nachbehandlung
Betonstahlmatte:	Geschweißte Betonstahlmatte aus geripptem Betonstahl der Sorte **B500A oder B500B**
Betonstahl in Ringen:	Betonstahl in Ringen **B500A oder B500B**
Bewehrungsdraht, glatt:	Bewehrungsdraht glatt **B500A+G**
Bewehrungsdraht, profiliert:	Bewehrungsdraht profiliert **B500A+P**
Sonderdyn-Matte:	Geschweißte Betonstahlmatte **B500B+M-dyn** für erhöhte dynamische Beanspruchung in Bereichen ohne Schweißstellen

10 LIEFERLÄNGEN, GEWICHTE

10.1 LIEFERLÄNGEN UND BUNDGEWICHTE BEI BETONSTABSTAHL

Betonstabstahl der Durchmesser 6 mm bis 40 mm wird in Lieferlängen von 12 m bis 16 m ausgeliefert. Es können auch kürzere oder größere Längen (bis zu 21 m) geliefert werden. Dies muss bei der Bestellung berücksichtigt werden.

10.2 LIEFERLÄNGEN BEI BETONSTAHLMATTEN

Betonstahlmatten (Lagermatten) werden in der Länge von 6 m und in der Breite von 2,30 m (2,35 m) geliefert. Listenmatten werden auf Bestellung in Längen von 3 m bis 12 m (nach Vereinbarung bis zu 14 m) und in Breiten bis zu 3 m (nach Vereinbarung bis zu 3,20 m) geliefert.

10.3 LIEFERGEWICHTE BEI BETONSTAHL IN RINGEN

Betonstahl in Ringen wird mit Ringgewichten von 2500 kg bis 8300 kg geliefert.

INSTITUT FÜR STAHLBETONBEWEHRUNG E.V.

BEWEHREN VON STAHLBETONTRAGWERKEN
nach DIN EN 1992-1-1 mit Nationalem Anhang

Stand 06/19

Arbeitsblatt 3
GRUNDLAGEN DER BEMESSUNG
Sicherheitskonzept, Nachweisverfahren, Schnittgrößenermittlung

1 ALLGEMEINES

Ein Tragwerk aus Beton, Stahlbeton oder Spannbeton ist so zu planen und auszuführen, dass es während der Errichtung und in der vorgesehenen Nutzungszeit mit angemessener Zuverlässigkeit und Wirtschaftlichkeit den größtmöglichen Einwirkungen und Einflüssen standhält und die geforderten Anforderungen an die Gebrauchstauglichkeit eines Bauwerks oder Bauteils erfüllt.

Bei der Planung und Berechnung des Tragwerks sind ausreichende Tragfähigkeit, Gebrauchstauglichkeit und Dauerhaftigkeit zu beachten.

Es ist bei der Bemessung zwischen den Grenzzuständen der Tragfähigkeit und der Gebrauchstauglichkeit zu unterscheiden. In der DIN EN 1992-1-1 wird das Konzept der Teilsicherheitsbeiwerte angewandt. Sowohl für die Beanspruchung als auch die Einwirkung sind Teilsicherheitsbeiwerte definiert, welche gemäß dem Bemessungskonzept mit unterschiedlichen Beiwerten für verschiedene Bemessungssituationen angewendet werden.

2 UNABHÄNGIGE EINWIRKUNGEN NACH DIN EN 1990:2010-12, 4.1.1)

Ständige Einwirkungen (G)	Veränderliche Einwirkungen (Q)	Außergewöhnliche Einwirkungen (A)	Einwirkungen infolge Erdbeben
• Eigenlasten, Erddruck, ständiger Flüssigkeitsdruck G_k (nach DIN EN 1991-1-1) • Vorspannung P_k	• Verkehrs- und Nutzlasten (nach DIN EN 1991-1-1) • Schnee- und Eislasten (nach DIN EN 1991-1-3) • Windlasten (nach DIN EN 1991-1-4) • Temperatureinwirkung • Wasserdruck • Baugrundsetzung	• Anpralllasten (nach DIN EN 1991-1-7) • Explosionslasten (nach DIN EN 1991-1-7) • Bergsenkungen	• Erdbebeneinwirkungen für Hochbauten (nach DIN EN 1998-1)

2.1 KOMBINATIONSBEIWERTE ψ_i FÜR EINWIRKUNGEN AUF HOCHBAUTEN (DIN EN 1990, Tabelle A1.1)

Veränderliche Einwirkung		ψ_0	ψ_1	ψ_2
Nutzlasten (siehe DIN EN 1991-1-1)[a]				
Kategorie A:	Wohngebäude	0,7	0,5	0,3
Kategorie B:	Bürogebäude	0,7	0,5	0,3
Kategorie C:	Versammlungsbereiche	0,7	0,7	0,6
Kategorie D:	Verkaufsbereiche	0,7	0,7	0,6
Kategorie E:	Lagerflächen	1,0	0,9	0,8
Kategorie F:	Fahrzeuggewicht ≤ 30 kN	0,7	0,7	0,6
Kategorie G:	30 kN < Fahrzeuggewicht ≤ 160 kN:	0,7	0,5	0,3
Kategorie H:	Dächer	0	0	0
Schnee- und Eislasten (nach DIN EN 1991-1-3)	für Orte bis zu NN + 1000 m	0,5	0,2	0
	für Orte über NN + 1000 m	0,7	0,5	0,2
Windlasten für Hochbauten (nach DIN EN 1991-1-4)		0,6	0,2	0
Temperaturanwendungen (ohne Brand) im Hochbau (nach DIN EN 1991-1-5)		0,6	0,5	0
Baugrundsetzungen (nach DIN EN 1997)		1,0	1,0	1,0
Sonstige Einwirkungen[b, c]		0,8	0,7	0,5

[a] Abminderungsbeiwerte für Nutzlasten in mehrgeschossigen Hochbauten siehe DIN EN 1991-1-1.

[b] Flüssigkeitsdruck ist im Allgemeinen als eine veränderliche Einwirkung zu behandeln, für die die ψ-Beiwerte standortbedingt festzulegen sind. Flüssigkeitsdruck, dessen Größe durch geometrische Verhältnisse begrenzt ist, darf als ständige Einwirkung behandelt werden, wobei alle ψ-Beiwerte gleich 1,0 zu setzen sind.

[c] ψ-Beiwerte für Maschinenlasten sind betriebsbedingt festzulegen.

3 GRENZZUSTÄNDE DER TRAGFÄHIGKEIT (DIN EN 1992-1-1)

Der Nachweis der Tragfähigkeit erfolgt unter Verwendung von Teilsicherheitsbeiwerten auf der Einwirkungsseite (E_d) wie auch auf der Widerstandsseite (R_d). Folgende Beanspruchungen sind zu untersuchen:

- Biegung mit und ohne Längskraft
- Querkraft
- Torsion
- Durchstanzen
- Stabwerkmodelle
- Vorantrag der Längsbewehrung und Stöße
- Teilflächenbelastung
- Ermüdung

Nachweisformat:

$E_d \leq R_d$

E_d Bemessungswert der Einwirkung (Schnittgröße, Spannung, Verformung), errechnet sich aus den charakteristischen Werten der Einwirkungen bzw. Einwirkungskombinationen und den dazugehörigen Teilsicherheitsbeiwerten

R_d Bemessungswert des Tragwiderstands, errechnet sich aus den charakteristischen Werten der Materialfestigkeiten (Nennwerten) und den dazugehörigen Teilsicherheitsbeiwerten

3.1 TEILSICHERHEITSBEIWERTE FÜR EINWIRKUNGEN AUF TRAGWERKE
(DIN EN 1990/NA Tab. A1.2(B) und DIN EN 1992-1-1/NA 2.4)

unabhängige ständige Einwirkungen Eigenlasten $G_{k,1}$ [1), 3), 4)]		Vorspannung P_k		unabhängige veränderliche Einwirkungen $G_{k,i}$ [1), 2)]		Außergewöhnliche Einwirkungen $A_{k,i}$	
ungünstig	günstig	ungünstig	günstig	ungünstig	günstig	ungünstig	günstig
$\gamma_G = 1{,}35$	$\gamma_G = 1{,}0$	$\gamma_P = 1{,}0$	$\gamma_P = 1{,}0$	$\gamma_Q = 1{,}5$	0	$\gamma_A = 1{,}0$	-

[1)] Ermüdung: $\gamma_{F,fat} = 1{,}0$ für ständige und veränderliche Einwirkungen
[2)] Zwang: $\gamma_Q = 1{,}0$ für linear-elastische Schnittgrößenermittlung mit Steifigkeiten des ungerissenen Querschnitts mit dem mittleren Elastizitätsmodul E_{cm}
[3)] Fertigteile: $\gamma_G = \gamma_Q = 1{,}15$ für Bauzustände im Grenzzustand der Tragfähigkeit für Biegung
[4)] bei außergewöhnlichen Einwirkungen Berücksichtigung der Eigenlasten mit $\gamma_{GA} = 1{,}0$

3.2 BEMESSUNGSWERT DER BEANSPRUCHUNG E_d
(nach DIN EN 1990)

Bemessungssituation für	Einwirkungskombination
Grundkombination	$\Sigma \gamma_{G,i} G_{k,i} \oplus \gamma_P P_k \oplus \gamma_{Q,j} Q_{k,j} \oplus \Sigma \gamma_{Q,i} \psi_{o,i} Q_{k,i}$
Außergewöhnliche Situation	$\Sigma \gamma_{GA,i} G_{k,i} \oplus \gamma_P P_k \oplus A_d \oplus \psi_{1,j} Q_{k,j} \oplus \Sigma \psi_{2,i} Q_{k,i}$

$\oplus$ bedeutet „in Kombination mit"
j maßgebende veränderliche Einwirkung
γ_I Teilsicherheitsbeiwert
ψ Kombinationsbeiwert

3.3 TEILSICHERHEITSBEIWERTE FÜR BAUSTOFFE
(DIN EN 1992-1-1, Tabelle 2.1DE)

Der Bemessungswert des Tragwiderstands R_d wird mit den charakteristischen Werten der Materialfestigkeiten und den dazugehörigen Teilsicherheitsbeiwerten ermittelt.

Bemessungssituation	γ_c Beton und Leichtbeton	γ_s Betonstahl, Spannstahl
Ständige und vorübergehende Bemessungssituation	1,5 [1)]	1,15
Außergewöhnliche Bemessungssituation	1,3	1,0
Nachweis gegen Ermüdung	1,5	1,15

[1)] Bei Fertigteilen mit einer werksmäßigen und ständig überwachten Herstellung mit Überprüfung der Betonfestigkeit an jedem Bauteil darf $\gamma_{c,red} = 1{,}35$ angesetzt werden (DIN EN 1992-1-1/NA A.2.3(1)).

4 DAUERHAFTIGKEIT (siehe ISB-Arbeitsblatt 6) (DIN EN 1992-1-1, 4)

Die Dauerhaftigkeit wird beeinträchtigt durch Bewehrungskorrosion und Betonangriff infolge chemischer und physikalischer Einwirkungen.

Für Bewehrungskorrosion sind Expositionsklassen in Abhängigkeit von der Korrosionsart definiert (DIN EN 1992-1-1, Tabelle 4.1)
- Karbonatisierungsinduzierte Korrosion
  Klassen XC1 bis XC4
- Chloridinduzierte Korrosion, ausg. Meerwasser
  Klassen XD1 bis XD3
- Chloridinduzierte Korrosion aus Meerwasser
  Klassen XS1 bis XS3

Für Betonangriff sind Expositionsklassen in Abhängigkeit von den Einwirkungen definiert (DIN EN 1992-1-1, Tabelle 4.1)
- Angriff durch aggressive chemische Umgebung
  Klassen XA1 bis XA3
- Frost mit und ohne Taumittel
  Klassen XF1 bis XF4
- Betonkorrosion infolge Alkali-Kieselsäurereaktion
  Klassen W0, WF + WA

Der Nachweis des Schutzes vor Bewehrungskorrosion für Betonstahl und Spannstahl erfolgt durch:
- Mindestbetonfestigkeitsklassen in Abhängigkeit von der Expositionsklasse
- Einhaltung von Mindestwerten der Betondeckung in Abhängigkeit von der Expositionsklasse (siehe auch ISB-Arbeitsblatt 6)

5 GRENZZUSTAND DER GEBRAUCHSTAUGLICHKEIT (DIN EN 1992-1-1, 7 und DIN EN 1990, 6.5, siehe auch ISB-Arbeitsblatt 5)

Die Nachweise in den Grenzzuständen der Gebrauchstauglichkeit umfassen:

- Spannungsbegrenzung
- Begrenzung der Rissbreiten
- Begrenzung der Verformung.

Die einzuhaltenden Grenzwerte sind in Abhängigkeit von der Bauart, der Einwirkungskombination und den Expositionsklassen festgelegt.

Nachweisformat:

$E_d \leq C_d$

E_d Bemessungswert der Auswirkung der Einwirkungen in der Dimension des Gebrauchstauglichkeitskriteriums aufgrund der Einwirkungskombination nach DIN EN 1990, 6.5.3

C_d Bemessungswert der Grenze für das Gebrauchstauglichkeitskriterium (z. B. zulässige Spannung, Verformung, Rissbreiten)

5.1 EINWIRKUNGSKOMBINATIONEN FÜR DEN GRENZZUSTAND DER GEBRAUCHSTAUGLICHKEIT nach DIN EN 1990, Abschnitt 10.4

Bemessungssituation	Einwirkungskombination
seltene Kombination der Einwirkungen $E_{d,char}$	$\Sigma G_{k,i} \oplus P_k \oplus Q_{k,j} \oplus \Sigma \psi_{o,i} Q_{k,i}$
häufige Kombination der Einwirkungen $E_{d,freq}$	$\Sigma G_{k,i} \oplus P_k \oplus \psi_{1,j} Q_{k,j} \oplus \Sigma \psi_{2,i} Q_{k,i}$
quasi-ständige Kombination der Einwirkungen $E_{d,perm}$	$\Sigma G_{k,i} \oplus P_k \oplus \Sigma \psi_{2,i} Q_{k,i}$
	$\oplus$ bedeutet „in Kombination mit"; j maßgebende veränderliche Einwirkung

6 GRUNDLAGEN DER SCHNITTGRÖSSENERMITTLUNG (DIN EN 1992-1-1)

6.1 ALLGEMEINES

Gleichgewicht muss immer erfüllt sein und wird im Allgemeinen am nicht verformten Tragwerk nachgewiesen (Theorie I. Ordnung). Wenn die Verformungen zu einem wesentlichen Anstieg der Schnittgrößen führen, ist der Gleichgewichtszustand am verformten Tragwerk zu überprüfen.

Für den allgemeinen Hochbau gilt folgende Vereinfachung:
- Auswirkungen nach der Theorie II. Ordnung dürfen vernachlässigt werden, wenn sie die Tragfähigkeit um weniger als 10 % verringern bzw. wenn der Anstieg der Verformungen nach Theorie II. Ordnung kleiner als 10 % ist (vgl. DIN EN 1992-1-1; 5.8.2 (6)).

Wenn Verträglichkeitsbedingungen nicht direkt überprüft werden, muss sichergestellt sein, dass ein Tragwerk:
- im Grenzzustand der Tragfähigkeit ausreichend verformungsfähig ist und
- im Grenzzustand der Gebrauchstauglichkeit keine unzulässigen Verformungen aufweist.

Zeitabhängige Wirkungen (Kriechen, Schwinden, Relaxation) müssen berücksichtigt werden, wenn sie von Bedeutung sind. Der Einfluss der Belastungsgeschichte darf im Allgemeinen vernachlässigt werden.

6.2 IDEALISIERUNGEN UND VEREINFACHUNGEN

6.2.1 EFFEKTIVE STÜTZWEITE, MITWIRKENDE PLATTENBREITE, LASTAUSBREITUNG

Effektive Stützweite nach DIN EN 1992-1-1, 5.3.2.2

$l_{eff,1}$, $l_{eff,2}$ wirksame Stützweiten

$l_{eff,i} = l_{n,i} + a_1 + a_2$

$l_{n,1}$, $l_{n,2}$ lichte Abstände

a Auflagerbreite

a_1, a_2 Abstand von Auflagervorderkante zur rechten Auflagerlinie

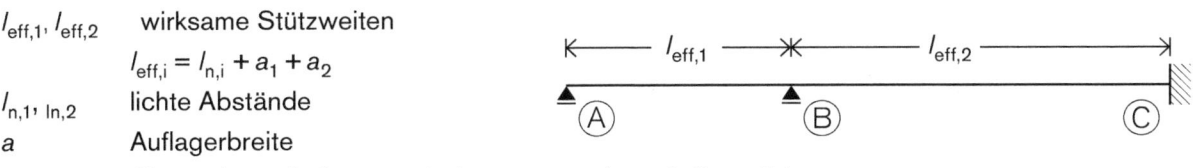

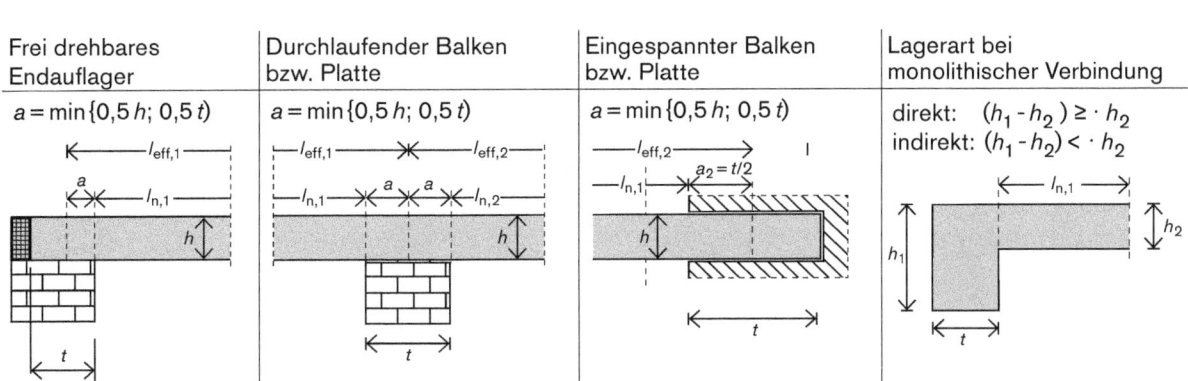

Frei drehbares Endauflager	Durchlaufender Balken bzw. Platte	Eingespannter Balken bzw. Platte	Lagerart bei monolithischer Verbindung
$a = \min\{0{,}5\,h;\ 0{,}5\,t\}$	$a = \min\{0{,}5\,h;\ 0{,}5\,t\}$	$a = \min\{0{,}5\,h;\ 0{,}5\,t\}$	direkt: $(h_1 - h_2) \geq \cdot h_2$ indirekt: $(h_1 - h_2) < \cdot h_2$

Mitwirkende Plattenbreite b_{eff} nach DIN EN 1992-1-1, 5.3.2.1

a) Mitwirkende Plattenbreite b_{eff} nach nebenstehendem Bild:

$b_{eff} = \Sigma b_{eff,i} + b_w \leq b$

mit $b_{eff,i} = 0{,}2 \cdot b_i + 0{,}1 \cdot l_0$
$\leq 0{,}2 \cdot l_0$
$\leq b_i$

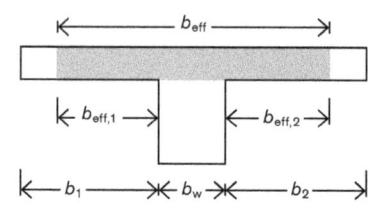

b_w Stegbreite
b_i tatsächlich vorhandene Gurtbreite
l_0 Abstand der Momentennullpunkte

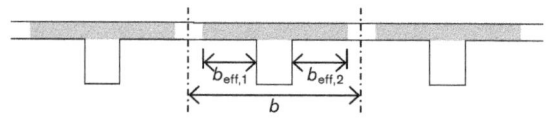

b) Für Platten mit veränderlicher Dicke kann angenommen werden:

$b_{eff} = \Sigma b_{eff,i} + b_w + b_v$

mit $b_v = h_v$

h_v Höhe der Voute (Stützkopfverstärkung)
b_v Neigung der Voute zur Horizontalen $< 45°$
b_w Stegbreite

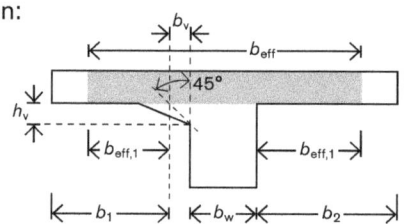

c) Der Abstand der Momentennullpunkte l_0 kann bei annähernd gleichen Steifigkeitsverhältnissen mit $0{,}8 < l_1 / l_2 < 1{,}25$ nach nebenstehendem Bild ermittelt werden.

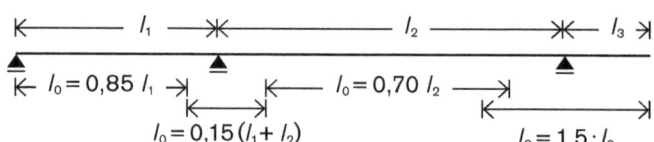

Lastausbreitung

Die Ausbreitungszone konzentriert angreifender Einzellasten kann unter Ansatz eines Ausbreitungswinkels der Kräfte von $b = \arctan(2/3) = 33{,}7°$ ermittelt werden.

Der Ausbreitungswinkel $\beta = 33{,}7°$ darf auch für Verankerungskräfte bei Vorspannung ohne und mit nachträglichem Verbund angesetzt werden.

Eine genauere Bestimmung der Lastausbreitungszone kann auch auf der Grundlage der Elastizitätstheorie erfolgen.

konzentriert angreifende Einzellast:

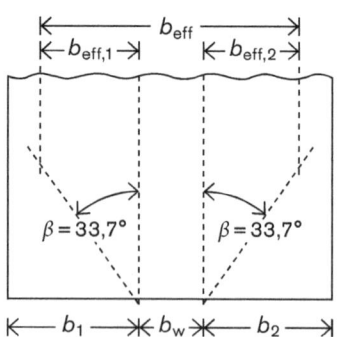

Verankerungskraft infolge Vorspannung:

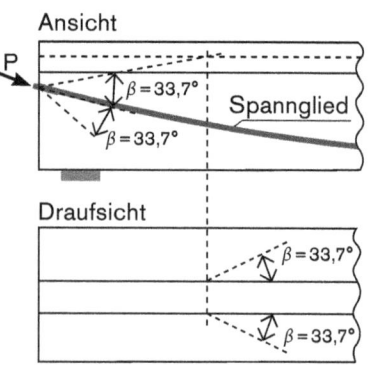

6.2.2 SONSTIGE VEREINFACHUNGEN

Die **Momente** durchlaufender Platten und Balken dürfen unter der Annahme frei drehbarer Lagerung nach DIN EN 1992-1-1, 5.3.2.2 ermittelt werden.

Momentenausrundung
Reduktion des Stützmomentes bei frei drehbarer Lagerung

Stützweite entspricht dem Abstand zwischen den Auflagermitten

$\Delta M_{ED} = F_{Ed,sup} \cdot t/8$
mit
$F_{Ed,sup}$ Bemessungswert der Auflagerreaktion
t Auflagertiefe

Stützmoment bei monolithischer Verbindung
Bei biegesteifem Anschluss von Platten und Balken an die frei drehbar angenommene Unterstützung gilt:

Für die Bemessung sind die Momente am Anschnitt M_I und M_{II} maßgebend.

Bedingung: Die Anschnittsmomente M_I und M_{II} dürfen nicht kleiner sein als 65 % des Moments bei Annahme voller Einspannung.

Die **Schnittgrößen** einachsig gespannter Platten und Balken dürfen für den üblichen Hochbau unter der Annahme frei drehbarer Lagerung ermittelt werden (DIN EN 1992-1-1; 5.3.2.2 (2)).
Die Durchlaufwirkung ist jedoch zu berücksichtigen (vgl. DAfStb-Heft 600):
- beim ersten Innenauflager
- bei Innenauflagern mit benachbarten Feldern ungleicher Steifigkeit oder wenn das Stützweitenverhältnis $0{,}5 < l_{eff,1} / l_{eff,2} < 2{,}0$ nicht eingehalten ist.

Die **maßgebenden Querkräfte** dürfen für den üblichen Hochbau unter Vollbelastung aller Felder ermittelt werden, wenn für das Stützweitenverhältnis benachbarter Felder annähernd gleicher Steifigkeit gilt: $0{,}5 < l_{eff,1} / l_{eff,2} < 2{,}0$ (vgl. NCI Zu 5.1.3).
  Bei **rahmenartigen Tragwerken** des üblichen Hochbaus dürfen (nach Heft 600, 5.3.2.2) bei **Innenstützen,** die biegesteif mit Balken und Platten verbunden sind, die **Biegemomente aus Rahmenwirkung** vernachlässigt werden, wenn:
- alle horizontalen Kräfte von aussteifenden Scheiben abgetragen werden
- das Stützweitenverhältnis benachbarter Felder $0{,}5 < l_{eff,1} / l_{eff,2} < 2{,}0$ beträgt.

Die **Randstützen** von rahmenartigen Tragwerken sind stets in biegefester Verbindung mit Balken, Platten oder Plattenbalken zu berechnen. Dies gilt auch für Stahlbetonwände in Verbindung mit Platten.
  Rippen- oder Kassettendecken dürfen für die Schnittgrößenermittlung nach dem linearen Verfahren ohne und mit nachträglicher Momentenumlagerung nach DIN EN 1992-1-1, 5.3.1 (5) als **Vollplatten** betrachtet werden, wenn die Gurtplatte mit den Rippen ausreichend torsionssteif ist; bei Einhaltung folgender Bedingungen ist das erfüllt:
- Rippenabstand ≤ 1500 mm
- Verhältnis Rippenhöhe unter Gurtplatte zu Rippenbreite ≤ 4
- Dicke der Gurtplatten ≥ 50 mm und ≥ 10 % des lichten Rippenabstandes
- Querrippen mit lichtem Abstand ≤ 10-faches der Deckendicke

Hohl- und Füllkörperdecken ohne Aufbeton dürfen für die Schnittgrößenermittlung als **Vollplatten** angesehen werden, wenn Querrippen angeordnet werden, deren **Querrippenabstand s_T**, die Werte nach nebenstehender Tabelle nicht überschreitet (vgl. DIN EN 1992-1-1, Tabelle 10.1).

Gebäudeart	Größter Querrippenabstand s_T	
	für $s_L \leq l_L/8$	für $s_L > l_L/8$
Wohngebäude	nicht benötigt	$s_T \leq 12 \cdot h$
andere Gebäude	$s_T \leq 10 \cdot h$	$s_T \leq 8 \cdot h$

mit s_L Abstand der Längsrippe
l_L effektive Stützweite der Längsrippe
h Gesamthöhe der Rippendecke

7 VERFAHREN ZUR SCHNITTGRÖSSENERMITTLUNG (nach DIN EN 1992-1-1)

7.1 ALLGEMEINES

In DIN EN 1992-1-1, 5 sind vier Verfahren zur Schnittgrößenermittlung aufgeführt:
- Linear-elastisches Verfahren / Elastizitätstheorie (siehe DIN EN 1992-1-1, 5.4)
- Linear-elastisches Verfahren mit Momentenumlagerung (siehe DIN EN 1992-1-1, 5.5)
- Verfahren nach der Plastizitätstheorie (siehe DIN EN 1992-1-1, 5.6.4)
- Nichtlineares Verfahren (siehe DIN EN 1992-1-1, 5.7)

Für die Nachweise im Grenzzustand der Tragfähigkeit (GZT) können die Schnittgrößen mit allen vier Verfahren bestimmt werden. Zur Ermittlung der Schnittgrößen für die Nachweise im Grenzzustand der Gebrauchstauglichkeit (GZG) sind nur das linear-elastische Verfahren (Elastizitätstheorie) und nichtlineare Verfahren erlaubt. Es ist zu beachten, dass bei Anwendung der Verfahren zur Berechnung der Schnittgrößen hinsichtlich der Duktilität von Betonstahl Unterschiede zu berücksichtigen sind.

Die für die unterschiedlichen Verfahren der Schnittgrößenermittlung anwendbaren Betonstahlsorten zeigt zusammenfassend folgende Tabelle:

Verfahren der Schnittgrößenermittlung			Betonstahl	
Linear-elastische Berechnung (Elastizitätstheorie)			Keine Unterscheidung hinsichtlich Duktilität	
Linear-elastische Berechnung mit Momentenumlagerung δ^*	Duktilitätsklasse Betonstahl	Grenzwert δ		
für $f_{ck} \leq 50$ N/mm²: $\delta \geq 0{,}64 + 0{,}8 x_u/d$ (vgl. Abschnitt 7.3)	A	0,85	Duktilitätsklasse A B500A – normalduktil	[1] B500C ist in Deutschland nicht geregelt und darf nur mit Allgemeiner Bauaufsichtlicher Zulassung verwendet werden.
	B	0,7	Duktilitätsklasse B B500B – hochduktil	
	C	0,7		
für $f_{ck} > 50$ N/mm²: $\delta \geq 0{,}72 + 0{,}8 x_u/d$ (vgl. Abschnitt 7.3)	A	1,0	Duktilitätsklasse C [1] B500C – hochduktil (nur mit Zulassung)	
	B	0,8		
	C	0,8		
Verfahren nach der Plastizitätstheorie nach DIN EN 1992-1-1, 5.6 (nur Nachweise im GZT)			Duktilitätsklasse A (B500A) nur für Wandscheiben oder bei Nachweis der Rotationsvermögens Duktilitätsklassen B und C B500B – hochduktil B500C (nur mit Zulassung) hochduktil[1]	
Nichtlineare Verfahren nach DIN EN 1992-1-1, 5.7			Duktilitätsklassen A nur für Scheiben Duktilitätsklassen B und C für alle Tragwerke	

7.2 LINEAR-ELASTISCHES VERFAHREN (Elastizitätstheorie) (DIN EN 1992-1-1, 5.4)

Die Ermittlung der Schnittgrößenverläufe im Grenzzustand der Tragfähigkeit und im Grenzzustand der Gebrauchstauglichkeit nach dem linear-elastischen Verfahren (Elastizitätstheorie) erfolgt im Allgemeinen mit den Steifigkeiten des ungerissenen Querschnitts (Zustand I).

Wenn Zwangeinwirkungen zu berücksichtigen sind, erfolgt die Ermittlung der Schnittgrößen mit dem mittleren Elastizitätsmodul E_{cm} und einem reduzierten Teilsicherheitsbeiwert für Zwang $\gamma_{Q,Zwang} = 1,0$ (vgl. NCI Zu 2.3.1.2 (3)).

Die Verformungsfähigkeit wird nicht geprüft; sie ist in der Regel gegeben, wenn die Mindestbewehrung vorhanden ist und sehr hohe Bewehrungsgrade vermieden werden (vgl. NCI Zu 5.4, NA.4).

In Durchlaufträgern mit $0,5 < l_{eff,1} / l_{eff,2} < 2,0$ für benachbarte Felder mit annähernd gleichen Steifigkeiten, in Riegeln von Rahmen und in Bauteilen, die vorwiegend auf Biegung beansprucht sind, einschließlich durchlaufender, kontinuierlich gestützter Platten:

- dürfen die maßgebenden Querkräfte für Vollbelastung aller Felder ermittelt werden (vgl. NCI Zu 5.1.3, NA.2).
- ist **$x/d \leq 0,45$ für Beton bis C50/60** bzw. **$x/d \leq 0,35$ für Beton ab C55/67** einzuhalten, sofern keine Maßnahmen zur Sicherstellung der ausreichenden Duktilität getroffen werden (siehe NCI Zu 5.4, NA.5).

Bei nicht vorgespannten Durchlaufträgern und -platten des üblichen Hochbaus muss die Bemessungssituation mit günstigen ständigen Einwirkungen nicht berücksichtigt werden, wenn die Regeln für die Mindestbewehrung eingehalten werden (Ausnahme: Nachweis der Lagesicherheit nach DIN EN 1990) (vgl. NCI Zu 5.1.3, NA.4).

7.3 LINEAR-ELASTISCHES VERFAHREN MIT BEGRENZTER MOMENTENUMLAGERUNG (DIN EN 1992-1-1, 5.5)

Die nach 6.2 ermittelten Größtmomente im Grenzzustand der Tragfähigkeit (GZT) dürfen unter Wahrung des Kräftegleichgewichts in weniger beanspruchte Bereiche umgelagert werden. Die linear-elastische Schnittgrößenermittlung mit begrenzter Umlagerung darf für die Nachweise von Bauteilen im GZT verwendet werden.

Bei verschieblichen Rahmen, Tragwerken aus unbewehrtem Beton und Fertigteilen mit unbewehrten Kontaktfugen ist keine Umlagerung erlaubt (vgl. NCI Zu 5.5 (5)).

Im üblichen Hochbau dürfen die Querkräfte, Drillmomente und Auflagerreaktionen entsprechend dem Momentenverlauf nach Umlagerung durch lineare Interpolation zwischen den Auflagersituationen volle Einspannung und gelenkige Lagerung ermittelt werden (vgl. NCI Zu 5.5 (3)).

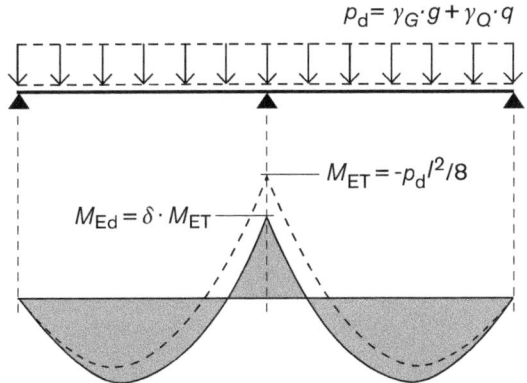

M_{ET} Moment nach Elastizitätstherorie
δ Momentendeckungsgrad ($= M_{ET}/M_{ED}$)
M_{Ed} Bemessungsmoment nach Umlagerung

7.4 VERFAHREN NACH DER PLASTIZITÄTSTHEORIE (DIN EN 1992-1-1, 5.6)

Die Schnittkraftermittlung nach der Plastizitätstheorie ist erlaubt für überwiegend auf Biegung beanspruchte Bauteile (plastische Gelenke), die mit Betonstahl mit hoher Duktilität bewehrt sind (der Nachweis von Wandscheiben ist auch bei normalduktilem Betonstahl zulässig).

Die Verformungsfähigkeit plastischer Gelenke, die mögliche plastische Rotation, ist grundsätzlich nachzuweisen.

Ein Nachweis der Rotationsfähigkeit kann entfallen für Balken, Rahmen und Platten, die eine hohe Verformungsfähigkeit aufweisen. Voraussetzung ist, dass alle nachfolgenden Kriterien eingehalten werden:

- Verwendung von Betonstahl der Klassen B oder C
- $x_u/d \leq 0{,}25$ für Beton $\leq$ C50/60 bzw.
  $x_u/d \leq 0{,}15$ für Beton $\geq$ C55/67
- und wenn das Verhältnis Stützmoment zu Feldmoment zwischen 0,5 und 2,0 liegt.

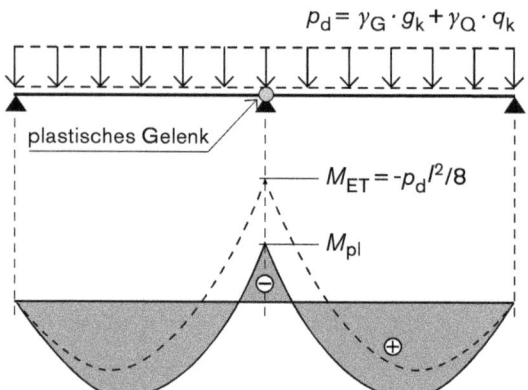

M_{pl} plastisches Moment, entspricht dem Bemessungsmoment M_{Sd}
M_{ET} Moment nach Elastizitätstheorie
x_u/d bezogene Druckzonenhöhe

7.4.1 VEREINFACHTER NACHWEIS DER PLASTISCHEN ROTATION (DIN EN 1992-1-1, 5.6.3)

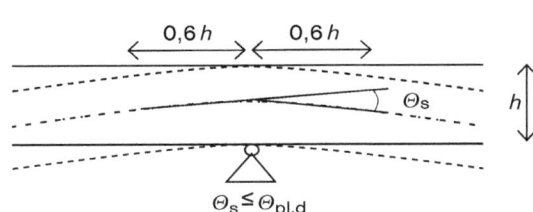

Bild 5.5 aus DIN EN 1992-1-1

Θ_s vorhandene plastische Rotation;
eines Stab- bzw. Plattenabschnittes
von etwa der 1,2-fachen Querschnittshöhe

Voraussetzung: $x_u/d \leq 0{,}45$ für Beton bis C50/60
                    $x_u/d \leq 0{,}35$ für Beton ab C55/67

mit x_u/d bzw. x_d/d bezogene Druckzonenhöhe

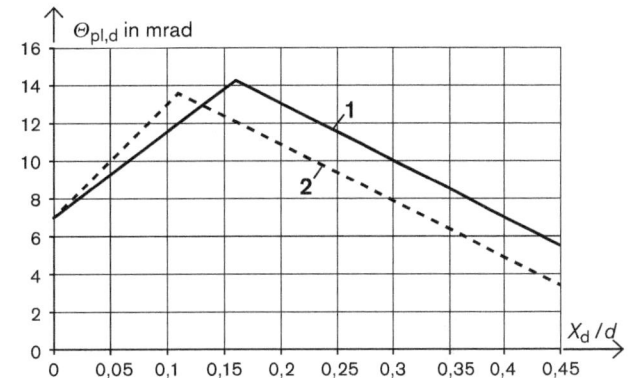

1   für C12/16 bis C50/60
2   für C100/115
    (für andere Betongüten ist $\Theta_{pl,d}$ zu interpolieren)

$\Theta_{pl,d}$ Grundwert der zulässigen plastische Rotation
von Stahlbetonquerschnitten für eine
Schubschlankheit von $\lambda = 3{,}0$

$\theta_{pl,d}$ **Bemessungswert der zulässigen plastischen Rotation für hochduktilen Betonstahl**
ergibt sich aus folgenden Bedingungen und ist grafisch dargestellt in DIN EN 1992-1-1 NA, Bild NA.5.6

- für Beton bis C50/60: $\left(\dfrac{x}{d}\right) \leq 0{,}45$

$0 \leq \dfrac{x_d}{d} \leq 0{,}16$: $\theta_{pl,d} = 7{,}0 + 45 \dfrac{x_d}{d}$ [mrad]

$0{,}16 \leq \dfrac{x_d}{d} \leq 0{,}45$: $\theta_{pl,d} = 19 - 30 \dfrac{x_d}{d}$ [mrad]

- für Beton C100/115: $\left(\dfrac{x}{d}\right) \leq 0{,}35$

$0 \leq \dfrac{x_d}{d} \leq 0{,}11$: $\theta_{pl,d} = 7{,}0 + 60{,}0 \dfrac{x_d}{d}$ [mrad]

$0{,}11 \leq \dfrac{x_d}{d} \leq 0{,}35$: $\theta_{pl,d} = 16{,}9 - 29{,}8 \dfrac{x_d}{d}$ [mrad]

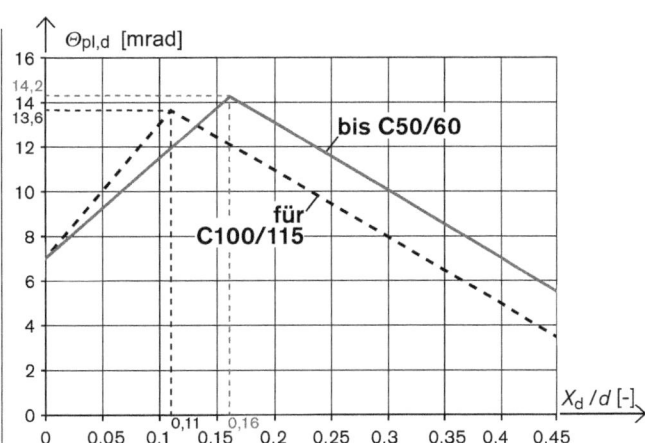

- für Betonklassen zwischen C50/60 und C100/115: lineare Interpolation $\left[\left(\dfrac{x}{d}\right) \leq 0{,}35\right]$
- Die Beziehungen gelten für die Schubschlankheit $\lambda = M_{Ed}/(V_{Ed} \cdot d) = 3$;
für andere Werte von λ ist $\theta_{pl,d}$ mit $k_\lambda = (\lambda/3)^{1/2}$ zu multiplizieren.

7.5 NICHTLINEARE VERFAHREN (DIN EN 1992-1-1, 5.7)

Nichtlineare Verfahren sind zur Schnittgrößenermittlung in den Grenzzuständen der Gebrauchstauglichkeit und der Tragfähigkeit erlaubt. Die Gleichgewichts- und Verträglichkeitsbedingungen sind zu erfüllen.

Der Bemessungswert des Tragwiderstandes R_d ist bei nichtlinearen Verfahren
$R_d = R(f_{cR}; f_{yR}; f_{tR}; f_{p0,1R}; f_{pR}) / \gamma_R$.
Für die Berechnung werden folgende Spannungs-Dehnungslinien verwendet:
- für Beton nach DIN EN 1992-1-1, Bild 3.2
- für Betonstahl nach DIN EN 1992-1-1/NA, Bild NA.3.8.1
- für Spannstahl nach DIN EN 1992-1-1/NA, Bild NA.3.10.1

Bei Ansatz der folgenden rechnerischen Mittelwerte kann nach dem NCI zu 5.7 ein einheitlicher Teilsicherheitsbeiwert γ_R für die Baustofffestigkeiten verwendet werden:

- für Betonklassen bis C50/60: $f_{cR} = 0{,}85\, \alpha_{cc} \cdot f_{ck}$ (NA.5.12.7)

  für Normalbeton: $\alpha_{cc} = 0{,}85$ (NDP 3.1.6 (1))

  für Leichtbeton: $\alpha_{cc} = 0{,}75$ (bei Verwendung des Parabel-Rechteck-Diagramms nach NDP Zu 11.3.5 (1)P)

  $\alpha_{cc} = 0{,}80$ (bei Verwendung der bilinearen Spannungs-Dehungslinie nach NDP Zu 11.3.5 (1)P)

- für Betonstahl: normalduktil: $f_{yR} = 1{,}1 \cdot f_{yk}$; $f_{tR} = 1{,}05 \cdot f_{yR}$ (NA.5.12.2 und 4)

  hochduktil: $f_{yR} = 1{,}1 \cdot f_{yk}$; $f_{tR} = 1{,}08 \cdot f_{yR}$ (NA.5.12.2 und 3)

Einheitlicher Teilsicherheitsbeiwert γ_R für die Baustofffestigkeiten zur Bestimmung des Bemessungswerts des Tragwiderstandes:
- für Grundkombination und Nachweis gegen Ermüdung: $\gamma_R = 1{,}3$
- für außergewöhnliche Bemessungssituationen: $\gamma_R = 1{,}1$

Der Grenzzustand der Tragfähigkeit (GZT) ist wie folgt definiert:
- Erreichen der kritischen Stahldehnung:

  Für beide Duktilitätsklassen gilt als kritischer Wert $\varepsilon_{ud} = \mathbf{0{,}025}$

  bzw. für Spannstahl $\varepsilon_{ud} = \varepsilon_p^{(0)} + 0{,}025 \leq 0{,}9\, \varepsilon_{uk}$
- Erreichen der kritischen Betondehnung $\varepsilon_{c1u} = 0{,}0035$ für C50/60 nach DIN EN 1992-1-1, Tabelle 3.1
- Erreichen eines kinematischen Zustandes

Die Mitwirkung des Betons auf Zug zwischen den Rissen darf vernachlässigt werden, wenn die Ergebnisse auf der sicheren Seite liegen.

INSTITUT FÜR STAHLBETONBEWEHRUNG E.V.

BEWEHREN VON STAHLBETONTRAGWERKEN
nach DIN EN 1992-1-1 mit Nationalem Anhang

Stand 06/19

Arbeitsblatt 4
NACHWEISE DER TRAGFÄHIGKEIT
– Querschnittsbemessung –

1.1 ALLGEMEINES

Bei der Bestimmung der Biegefähigkeit von Querschnitten aus Stahlbeton oder Spannbeton werden folgende Annahmen getroffen:
- Ebene Querschnitte bleiben eben.
- Die Dehnungen der im Verbund liegenden Bewehrung oder Spannglieder haben sowohl für Zug als auch für Druck die gleiche Größe wie die des umgebenden Betons.
- Die Betonzugfestigkeit wird nicht berücksichtigt.
- Die Verteilung der Betondruckspannungen wird entsprechend den Bemessungs-Spannungs-Dehnungs-Linien nach DIN EN 1992-1-1 3.1.7 angenommen.
- Die Spannungen im Betonstahl oder im Spannstahl werden jeweils mit den Arbeitslinien aus DIN EN 1992-1-1 3.2 (Bild 3.8) und 3.3 bestimmt.
- Die Vordehnung der Spannglieder wird bei der Spannungsermittlung im Spannstahl berücksichtigt.

1.2 SPANNUNGS-DEHNUNGS-LINIEN FÜR DIE QUERSCHNITTS-BEMESSUNG (nach DIN 1992-1-1, 3.2.7)

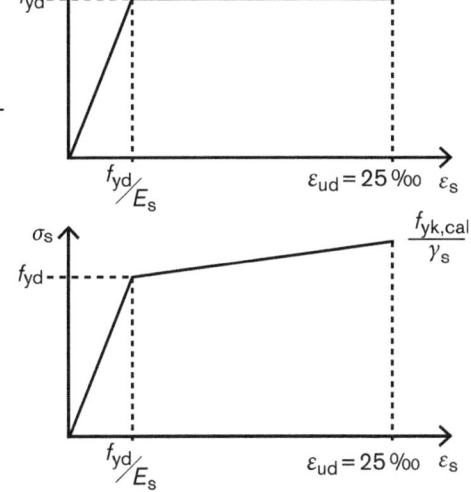

Für die Biegebemessung werden in der Norm zwei Möglichkeiten angeboten:
- Annahme eines horizontalen Verlaufs der Spannungs-Dehnungs-linie nach Überschreiten der Streckgrenze des Betonstahls (f_{yk} = 500 N/mm²) ohne Prüfung der Dehnungsgrenze
>> Tabellen 3.1 ff
- Berücksichtigung der Verfestigung des Betonstahls nach Überschreitung der Streckgrenze (f_{yk} = 500 N/mm²) bis zu einer rechnerischen Zugfestigkeit von $f_{tk,cal}$ = 525 N/mm², die bei ε_{ud} = 0,025 = 25 ‰ erreicht wird. Für kleinere Stahldehnung $\varepsilon_u < \varepsilon_{ud}$ ist der Bemessungswert der Stahlspannung σ_{sd} mit DIN EN 1992-1-1, Bild 3.8 zu ermitteln.
>> Tabellen 3.2 ff

2 BEMESSUNG FÜR BIEGUNG MIT LÄNGSKRAFT

2.1 ω-VERFAHREN **OHNE** DRUCKBEWEHRUNG ($\sigma_{Sd} \leq f_{yd}$)

Die optimale Bewehrungsmenge ergibt sich bei Rechteckquerschnitten in der Regel, wenn nur eine Biegezugbewehrung A_{s1} angeordnet wird.

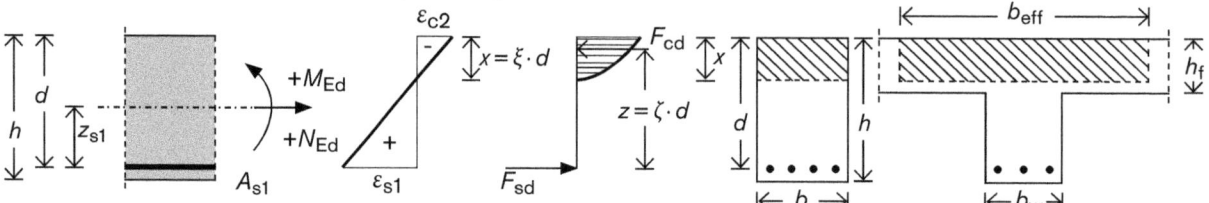

Auf die Lage der Zugbewehrung bezogenes Moment M_{Eds}:

$$M_{EDs} = M_{Ed} - N_{Ed} \cdot z_{s1}$$

mit: M_{Ed} Bemessungsmoment
N_{Ed} Bemessungswert der Normalkraft
z_{s1} Abstand Schwerelinie zu Biegezugbewehrung A_{s1}

$F_{sd} = f_{yd} \cdot A_{s1}$; Zuggurtkraft (Biegezugbewehrung)
$F_{cd} = \alpha_R \cdot f_{cd} \cdot b \cdot \xi \cdot d$; Druckgurtkraft (Betondruckzone)
mit $f_{yd} = f_{yk}/\gamma_s$; Bemessungswert der Betonstahlstreckgrenze
$\gamma_s = 1{,}15$; Materialteilsicherheitsbeiwert für Betonstahl
$f_{cd} = \alpha_{cc} \cdot f_{ck}/\gamma_c$; Bemessungswert der Betondruckfestigkeit
α_{cc} = Abminderungsfaktor für Langzeiteinwirkung
 0,85 für Normalbeton; für Leichtbeton 0,75
 (bzw. 0.80 bei Verwendung des bilinearen Spannungs-Dehnungs-Diagramms)
$\gamma_c = 1{,}5$ Materialteilsicherheitsbeiwert für Beton bis C50/60
$\alpha_R = |\sigma_{cm}| / f_{cd}$; Völligkeitsbeiwert
$\xi = x/d$; bezogene Druckzonenhöhe
b, b_{eff} = Breite bzw. mitwirkende Breite
d = statische Höhe

bezogenes Moment μ_{Eds}:

$$\mu_{Eds} = \frac{M_{Eds}}{b \cdot d^2 \cdot f_{cd}} = \frac{M_{Ed} - N_{Ed} \cdot z_{s1}}{b \cdot d^2 \cdot f_{cd}}$$

erf. Biegezugbewehrung A_{s1}:

$$A_{s1} = \omega \cdot \frac{b \cdot d}{f_{yd}/f_{cd}} + \frac{N_{Ed}}{f_{yd}}$$

2.2 ANORDNUNG EINER BIEGEDRUCKBEWEHRUNG A_{s2}

Eine Biegedruckbewehrung A_{s2} ist zur Sicherstellung ausreichender Verformungsfähigkeit für folgende Grenzwerte der bezogenen Druckzonenhöhe $\xi_{lim} = (x/d)_{lim}$ erforderlich:

$\xi_{lim} = (x/d)_{lim} = 0{,}617$ für Beton bis C50/60	Dehnung der Zugbewehrung erreicht $\varepsilon_{yd} = f_{yd}/E_s$
$\xi_{lim} = (x/d)_{lim} = 0{,}45$ für Beton bis C50/60 $\xi_{lim} = (x/d)_{lim} = 0{,}35$ für Beton ab C55/67	Bei linear-elastischem Verfahren der Schnittgrößenermittlung ohne geeignete Umschnürung der Biegedruckzone. Eine geeignete Umschnürung kann angenommen werden bei Einhaltung der Regeln der Querbewehrung in DIN EN 1992-1-1, 9.2.1.2 (3).
$\xi_{lim} = (x/d)_{lim} = 0{,}25$ für Beton bis C50/60 $\xi_{lim} = (x/d)_{lim} = 0{,}15$ für Beton ab C55/67	Bei Berechnung zweiachsig gespannter Platten nach der Plastizitätstheorie ohne Nachweis der Rotationsfähigkeit.

2.3 ω-VERFAHREN MIT DRUCKBEWEHRUNG ($\sigma_{sd} \leq f_{yd}$)

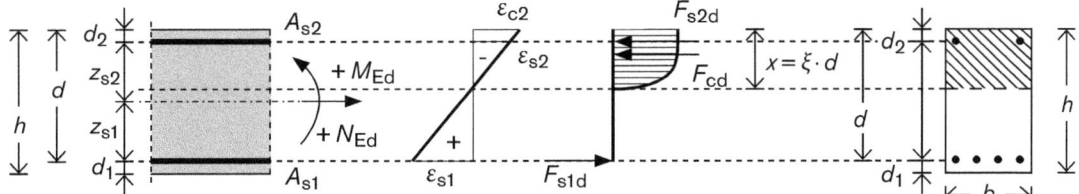

Auf die Lage der Zugbewehrung bezogenes Moment M_{Eds}: $$M_{Eds} = M_{Ed} - N_{Ed} \cdot z_{s1}$$ mit M_{Ed} Bemessungsmoment N_{Ed} Bemessungswert der Normalkraft z_{s1} Abstand Schwerelinie zu Biegezugbewehrung A_{s1}	F_{s1d} = $f_{yd} \cdot A_{s1}$; Zuggurtkraft (Biegezugbewehrung) F_{s2d} = $\sigma_{s2d} \cdot A_{s2}$; Druckgurtkraft (Biegedruckbewehrung) F_{cd} = $\alpha_R \cdot f_{cd} \cdot b \cdot \xi \cdot d$; Druckgurtkraft (Betondruckzone) mit f_{yd} = f_{yk}/γ_s; Bemessungswert der Betonstahlstreckgrenze γ_s = 1,15; Materialteilsicherheitsbeiwert für Betonstahl f_{cd} = $\alpha_{cc} \cdot f_{ck}/\gamma_c$; Bemessungswert der Betondruckfestigkeit α_{cc} = Abminderungsfaktor für Langzeiteinwirkung = 0,85 für Normalbeton; = 0,75 für Leichtbeton (Parabel-Rechteck-Diagramm oder Spannungsblock) = 0,80 für Leichtbeton (bilineares Spannungs-Dehnungs-Diagramm) γ_c = 1,5 Materialteilsicherheitsbeiwert für Beton bis C50/60 α_R = $|\sigma_{cm}|/f_{cd}$; Völligkeitsbeiwert; = 0,81 für ε_{cu} = -3,5‰ und Beton bis C50/60 ξ = x/d; bezogene Druckzonenhöhe b Breite d statische Höhe	
bezogenes Moment μ_{Eds}: $$\mu_{Eds} = \frac{M_{Eds}}{b \cdot d^2 \cdot f_{cd}} = \frac{M_{Ed} - N_{Ed} \cdot z_{s1}}{b \cdot d^2 \cdot f_{cd}}$$	erf. Biegezugbewehrung A_{s1}: $$A_{s1} = \omega_1 \cdot \frac{b \cdot d}{f_{yd}/f_{cd}} + \frac{N_{Ed}}{f_{yd}}$$	erf. Biegedruckbewehrung A_{s2}: $$A_{s2} = \omega_2 \cdot \frac{b \cdot d}{f_{yd}/f_{cd}}$$

2.4 ERMITTLUNG DER MITWIRKENDEN PLATTENBREITE

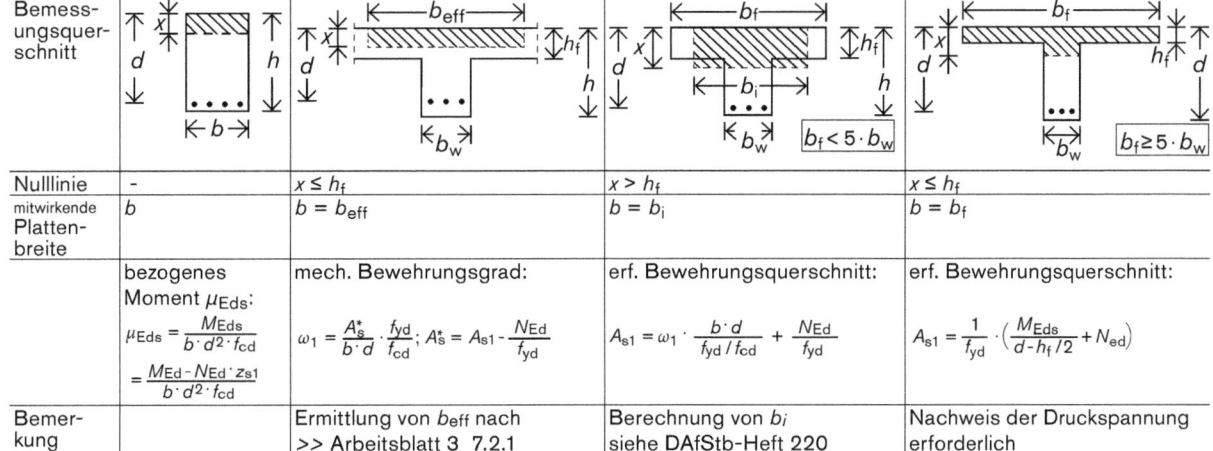

Bemessungsquerschnitt				
Nulllinie	-	$x \leq h_f$	$x > h_f$	$x \leq h_f$
mitwirkende Plattenbreite	b	$b = b_{eff}$	$b = b_i$	$b = b_f$
	bezogenes Moment μ_{Eds}: $\mu_{Eds} = \frac{M_{Eds}}{b \cdot d^2 \cdot f_{cd}}$ $= \frac{M_{Ed} - N_{Ed} \cdot z_{s1}}{b \cdot d^2 \cdot f_{cd}}$	mech. Bewehrungsgrad: $\omega_1 = \frac{A_s^*}{b \cdot d} \cdot \frac{f_{yd}}{f_{cd}}$; $A_s^* = A_{s1} - \frac{N_{Ed}}{f_{yd}}$	erf. Bewehrungsquerschnitt: $A_{s1} = \omega_1 \cdot \frac{b \cdot d}{f_{yd}/f_{cd}} + \frac{N_{Ed}}{f_{yd}}$	erf. Bewehrungsquerschnitt: $A_{s1} = \frac{1}{f_{yd}} \cdot \left(\frac{M_{Eds}}{d - h_f/2} + N_{ed}\right)$
Bemerkung		Ermittlung von b_{eff} nach >> Arbeitsblatt 3 7.2.1	Berechnung von b_i siehe DAfStb-Heft 220	Nachweis der Druckspannung erforderlich

2.5 RECHENGRÖSSEN FÜR BETONSTAHL B500A bzw. B500B
mit $f_{yk} = 500$ N/mm² und für Beton bis C50/60

Beton	C12/15	C16/20	C20/25	C25/30	C30/37	C35/45	C40/50	C45/55	C50/60
f_{cd} [N/mm²]	6,8	9,1	11,3	14,2	17,0	19,8	22,7	25,5	28,3
f_{yd}/f_{cd}	63,9	48,0	38,4	30,7	25,6	21,9	19,2	17,1	15,3

3 BEMESSUNGSTAFELN FÜR BIEGUNG UND LÄNGSKRAFT

3.1 HORIZONTALER VERLAUF DER SPANNUNGS-DEHNUNGSLINIE DES BETONSTAHLS (ohne Verfestigung)

3.1.1 ω - TAFELN, OHNE DRUCKBEWEHRUNG, FÜR BETON BIS C50/60 ($\sigma_{SD} \leq f_{yd}$)

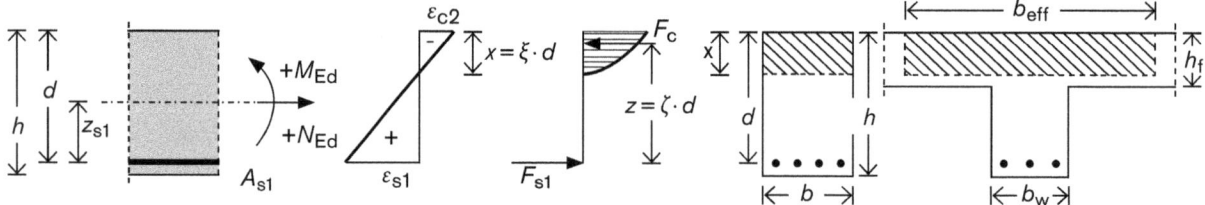

N_{Ed} ist als Druckkraft negativ!   a*: Abstand des Schwerpunktes der Betondruckspannungen vom oberen Rand des Querschnittes

bezogenes Moment μ_{Eds}:

$$\mu_{Eds} = \frac{M_{Eds}}{b \cdot d^2 \cdot f_{cd}} = \frac{M_{Ed} - N_{Ed} \cdot z_{s1}}{b \cdot d^2 \cdot f_{cd}}$$

erf. Biegezugbewehrung A_{s1}:

$$A_{s1} = \omega_1 \cdot \frac{b \cdot d}{f_{yd}/f_{cd}} + \frac{N_{Ed}}{f_{yd}}$$

mech. Bewehrungsgrad ω_1:

$$\omega_1 = \frac{A_s^*}{b \cdot d} \cdot \frac{f_{yd}}{f_{cd}}; \quad A_s^* = A_{s1} - \frac{N_{Ed}}{f_{yd}}$$

μ_{Eds} [-]	ω_1 [-]	$\xi = x/d$ [-]	$\zeta = z/d$ [-]	ε_{c2} [‰]	ε_{c1} [‰]	σ_{sd} [N/mm]	α_R [-]	$k_a = a^*/x$ [-]
0,01	0,0101	0,030	0,990	-0,77	25	434,8	0,337	0,35
0,02	0,0203	0,044	0,985	-1,15	25	434,8	0,464	0,353
0,03	0,0306	0,055	0,980	-1,46	25	434,8	0,553	0,360
0,04	0,0410	0,066	0,976	-1,76	25	434,8	0,622	0,368
0,05	0,0515	0,076	0,971	-2,06	25	434,8	0,676	0,377
0,06	0,0621	0,086	0,967	2,37	25	434,8	0,718	0,387
0,07	0,0728	0,097	0,962	-2,68	25	434,8	0,751	0,396
0,08	0,0836	0,107	0,956	-3,01	25	434,8	0,778	0,405
0,09	0,0946	0,118	0,951	-3,35	25	434,8	0,801	0,413

>>>

>>>

μ_{Eds} [-]	ω_1 [-]	$\xi = x/d$ [-]	$\zeta = z/d$ [-]	ε_{c2} [‰]	ε_{c1} [‰]	σ_{sd} [N/mm]	α_R [-]	$k_a = a^*/x$ [-]
0,10	0,1057	0,131	0,946	-3,5	23,29	434,8	0,810	0,416
0,11	0,1170	0,145	0,940	-3,5	20,71	434,8	0,810	0,416
0,12	0,1285	0,159	0,934	-3,5	18,55	434,8	0,810	0,416
0,13	0,1401	0,173	0,928	-3,5	16,73	434,8	0,810	0,416
0,14	0,1518	0,188	0,922	-3,5	15,16	434,8	0,810	0,416
0,15	0,1638	0,202	0,916	-3,5	13,80	434,8	0,810	0,416
0,16	0,1759	0,217	0,910	-3,5	12,61	434,8	0,810	0,416
0,17	0,1882	0,232	0,903	-3,5	11,55	434,8	0,810	0,416
0,18	0,2007	0,248	0,897	-3,5	10,62	434,8	0,810	0,416
0,181	0,2024	0,250	0,896	-3,5	10,50	434,8	0,810	0,416
0,19	0,2134	0,264	0,890	-3,5	9,78	434,8	0,810	0,416
0,20	0,2263	0,280	0,884	-3,5	9,02	434,8	0,810	0,416
0,21	0,2395	0,296	0,877	-3,5	8,33	434,8	0,810	0,416
0,22	0,2529	0,312	0,870	-3,5	7,71	434,8	0,810	0,416
0,23	0,2665	0,329	0,863	-3,5	7,13	434,8	0,810	0,416
0,24	0,2804	0,346	0,856	-3,5	6,60	434,8	0,810	0,416
0,25	0,2946	0,364	0,849	-3,5	6,12	434,8	0,810	0,416
0,26	0,3091	0,382	0,841	-3,5	5,67	434,8	0,810	0,416
0,27	0,3239	0,400	0,834	-3,5	5,25	434,8	0,810	0,416
0,28	0,3391	0,419	0,826	-3,5	4,86	434,8	0,810	0,416
0,29	0,3546	0,438	0,818	-3,5	4,49	434,8	0,810	0,416
0,296	0,3643	0,450	0,813	-3,5	4,28	434,8	0,810	0,416
0,30	0,3706	0,458	0,810	-3,5	4,15	434,8	0,810	0,416
0,31	0,3869	0,478	0,801	-3,5	3,82	434,8	0,810	0,416
0,32	0,4038	0,499	0,793	-3,5	8,52	434,8	0,810	0,416
0,33	0,4211	0,520	0,784	-3,5	3,23	434,8	0,810	0,416
0,34	0,4391	0,542	0,774	-3,5	2,95	434,8	0,810	0,416
0,35	0,4576	0,565	0,765	-3,5	2,69	434,8	0,810	0,416
0,36	0,4768	0,589	0,755	-3,5	2,44	434,8	0,810	0,416
0,37	0,4968	0,614	0,745	-3,5	2,20	434,8	0,810	0,416
0,371	0,4994	0,617	0,743	-3,5	2,174	434,8	0,810	0,416

3.1.2 ω-TAFELN, MIT DRUCKBEWEHRUNG, FÜR $\xi_{lim} = (x/d)_{lim} = 0{,}617$ FÜR BETON BIS C50/60 ($\sigma_{sd} \leq f_{yd}$)

$\mu_{Eds,lim}$ [-]	ω_1 [-]	$\xi = x/d$ [-]	$\zeta = z/d$ [-]	ε_{c2} [‰]	$\varepsilon_{s1,lim}$ [‰]	σ_{sd} [N/mm²]	α_R [-]	$k_a = a^*/x$ [-]
0,3712	0,4994	**0,617**	0,743	-3,50	**2,174**	434,8	0,810	0,416

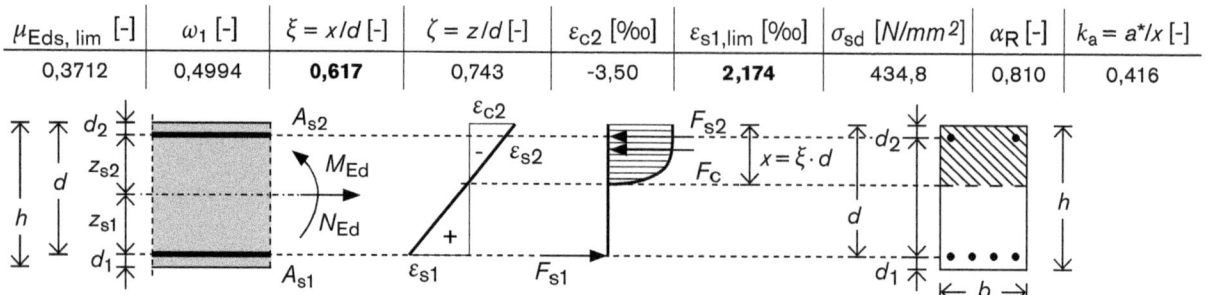

N_{Ed} ist als Druckkraft negativ! a^*: Abstand des Schwerpunktes der Betondruckspannungen vom oberen Rand des Querschnittes

bezogenes Moment μ_{Eds}:

$$\mu_{Eds} = \frac{M_{Eds}}{b \cdot d^2 \cdot f_{cd}} = \frac{M_{Ed} - N_{Ed} \cdot z_{s1}}{b \cdot d^2 \cdot f_{cd}}$$

erf. Biegezugbewehrung A_{s1}:

$$A_{s1} = \omega_1 \cdot \frac{b \cdot d}{f_{yd}/f_{cd}} + \frac{N_{Ed}}{f_{yd}}$$

erf. Biegedruckbewehrung A_{s2}:

$$A_{s2} = \omega_2 \cdot \frac{b \cdot d}{f_{yd}/f_{cd}}$$

Beton	C12/15	C16/20	C20/25	C25/30	C30/37	C35/45	C40/50	C45/55	C50/60
f_{cd} [N/mm²]	6,8	9,1	11,3	14,2	17,0	19,8	22,7	25,5	28,3
f_{yd}/f_{cd}	63,9	48	38,4	30,7	25,6	21,9	19,2	17,1	15,3

	$d_2/d = 0{,}05$		$d_2/d = 0{,}10$		$d_2/d = 0{,}15$		$d_2/d = 0{,}20$	
	$\varepsilon_{s2,lim} = -3{,}22\,‰$		$\varepsilon_{s2,lim} = -2{,}93\,‰$		$\varepsilon_{s2,lim} = -2{,}65\,‰$		$\varepsilon_{s2,lim} = -2{,}37\,‰$	
μ_{Eds} [-]	ω_1 [-]	ω_2 [-]	ω_1 [-]	ω_2 [-]	ω_1 [-]	ω_2 [-]	ω_1 [-]	ω_2 [-]
0,38	0,5086	0,0092	0,5091	0,0097	0,5297	0,01030	0,5103	0,0110
0,39	0,5191	0,0198	0,5202	0,0209	0,5214	0,0221	0,5228	0,0235
0,40	0,5296	0,0303	0,5313	0,0320	0,5332	0,0339	0,5353	0,0360
0,41	0,5402	0,0408	0,5424	0,0431	0,5450	0,0456	0,5478	0,0485
0,42	0,5507	0,0513	0,5535	0,0542	0,5567	0,0574	0,5603	0,0610
0,43	0,5612	0,0619	0,5647	0,0653	0,5685	0,0691	0,4728	0,0735
0,44	0,5717	0,0724	0,5758	0,0764	0,5803	0,0809	0,5853	0,0860
0,45	0,5823	0,0829	0,5869	0,0875	0,5920	0,0927	0,5978	0,0985
0,46	0,5928	0,0934	0,5980	0,0986	0,6038	0,1044	0,6103	0,1110
0,47	0,6033	0,1040	0,6091	0,1097	0,6156	0,1162	0,6228	0,1235
0,48	0,6139	0,1145	0,6202	0,1209	0,6273	0,1280	0,6353	0,1360
0,49	0,6244	0,1250	0,6313	0,1320	0,6391	0,1397	0,6478	0,1485
0,50	0,6349	0,1356	0,6420	0,1431	0,6509	0,1515	0,6603	0,1610
0,51	0,6454	0,1461	0,6535	0,1542	0,6626	0,1633	0,6728	0,1735
0,52	0,6560	0,1566	0,6647	0,1653	0,6744	0,1750	0,6853	0,1860
0,53	06665	0,1671	0,6758	0,1764	0,6861	0,1868	0,6978	0,1985
0,54	0,6770	0,1777	0,6869	0,1875	0,6979	0,1986	0,7103	0,2110
0,55	0,6875	0,1882	0,6980	0,1986	0,7097	0,2103	0,7228	0,2235

3.1.3 ω-TAFELN, MIT DRUCKBEWEHRUNG, FÜR $\xi_{lim} = (x/d)_{lim} = 0{,}45$ FÜR BETON BIS C50/60 ($\sigma_{sd} \leq f_{yd}$)

$\mu_{Eds,lim}$ [-]	ω_1 [-]	$\xi = x/d$ [-]	$\zeta = z/d$ [-]	ε_{c2} [‰]	$\varepsilon_{s1,lim}$ [‰]	σ_{sd} [N/mm²]	α_R [-]	$k_a = a^*/x$ [-]
0,2961	0,3643	**0,450**	0,813	-3,50	**4,278**	434,8	0,810	0,416

N_{Ed} ist als Druckkraft negativ!
a^*: Abstand des Schwerpunktes der Betondruckspannungen vom oberen Rand des Querschnittes

bezogenes Moment μ_{Eds}:

$$\mu_{Eds} = \frac{M_{Eds}}{b \cdot d^2 \cdot f_{cd}} = \frac{M_{Ed} - N_{Ed} \cdot z_{s1}}{b \cdot d^2 \cdot f_{cd}}$$

erf. Biegezugbewehrung A_{s1}:

$$A_{s1} = \omega_1 \cdot \frac{b \cdot d}{f_{yd}/f_{cd}} + \frac{N_{Ed}}{f_{yd}}$$

erf. Biegedruckbewehrung A_{s2}:

$$A_{s2} = \omega_2 \cdot \frac{b \cdot d}{f_{yd}/f_{cd}}$$

Beton	C12/15	C16/20	C20/25	C25/30	C30/37	C35/45	C40/50	C45/55	C50/60
f_{cd} [N/mm²]	6,8	9,1	11,3	14,2	17,0	19,8	22,7	25,5	28,3
f_{yd}/f_{cd}	63,9	48,0	38,4	30,7	25,6	21,9	19,2	17,1	15,3

	$d_2/d = 0{,}05$		$d_2/d = 0{,}10$		$d_2/d = 0{,}15$		$d_2/d = 0{,}20$	
	$\varepsilon_{s2,lim} = -3{,}11$ ‰		$\varepsilon_{s2,lim} = -2{,}72$ ‰		$\varepsilon_{s2,lim} = -2{,}33$ ‰		$\varepsilon_{s2,lim} = -1{,}94$ ‰	
μ_{Eds} [-]	ω_1 [-]	ω_2 [-]	ω_1 [-]	ω_2 [-]	ω_1 [-]	ω_2 [-]	ω_1 [-]	ω_2 [-]
0,30	0,3684	0,0041	0,3686	0,0043	0,3689	0,0046	0,3692	0,0055
0,031	0,3789	0,0146	0,3797	0,0154	0,3806	0,0164	0,3817	0,0194
0,32	0,3894	0,0252	0,3908	0,0266	0,3924	0,0281	0,3942	0,0334
0,33	0,4000	0,0357	0,4020	0,0377	0,4042	0,0399	0,4067	0,0474
0,34	0,4105	0,0462	0,4131	0,0488	0,4159	0,0517	0,4192	0,0614
0,35	0,4210	0,0 567	0,4242	0,0599	0,4277	0,0634	0,4317	0,0753
0,36	0,4316	0,0673	0,4353	0,0710	0,4395	0,0752	0,4442	0,0893
0,37	0,4421	0,0778	0,4464	0,0821	0,4512	0,0869	0,4567	0,1033
0,38	0,4526	0,0883	0,4575	0,0932	0,4630	0,0987	0,4692	0,1173
0,39	0,4631	0,0988	0,4686	0,1043	0,4748	0,1105	0,4817	0,1312
0,40	0,4737	0,1094	0,4797	0,1154	0,4865	0,1222	0,4942	0,1452
0,41	0,4842	0,1199	0,4908	0,1266	0,4983	0,1340	0,5067	0,1592
0,42	0,4947	0,1304	0,5020	0,1377	0,5101	0,1340	0,5792	0,1732
0,43	0,5052	0,1410	0,5131	0,1488	0,5218	0,1458	0,5317	0,1871
0,44	0,5158	0,1515	0,5242	0,1599	0,5336	0,1575	0,5442	0,2011
0,45	0,5263	0,1620	0,5353	0,1710	0,5453	0,1693	0,5567	0,2151
0,46	0,5368	0,1725	0,5464	0,1821	0,5571	0,1811	0,5692	0,2291
0,47	0,5473	0,1831	0,5575	0,1932	0,5689	0,1928	0,5817	0,2430
0,48	0,5579	0,1936	0,5686	0,2043	0,5806	0,2046	0,5942	0,2570
0,49	0,5684	0,2041	0,5797	0,2154	0,5924	0,2164	0,6067	0,2710
0,50	0,5789	0,2146	0,5908	0,2266	0,6042	0,2281	0,6192	0,2850
0,51	0,5894	0,2252	0,6020	0,2377	0,6159	0,2399	0,6317	0,2989
0,52	0,6000	0,2357	0,6131	0,2488	0,6277	0,2517	0,6442	0,3129
0,53	0,6105	0,2462	0,6242	0,2599	0,6395	0,2634	0,6567	0,3269
0,54	0,6210	0,2567	0,6353	0,2710	0,6512	0,2752	0,6692	0,3409
0,55	0,6316	0,2673	0,6464	0,2821	0,6630	0,2869	0,6817	0,3548

3.1.4 ω-TAFELN, MIT DRUCKBEWEHRUNG, FÜR $\xi_{lim} = (x/d)_{lim} = 0{,}25$ FÜR BETON BIS C50/60 ($\sigma_{sd} \leq f_{yd}$)

$\mu_{Eds,lim}$ [-]	ω_1 [-]	$\xi = x/d$ [-]	$\zeta = z/d$ [-]	ε_{c2} [‰]	$\varepsilon_{s1,lim}$ [‰]	σ_{sd} [N/mm²]	α_R [-]	$k_a = a^*/x$ [-]
0,1813	0,2024	**0,250**	0,896	-3,50	**10,500**	435	0,810	0,416

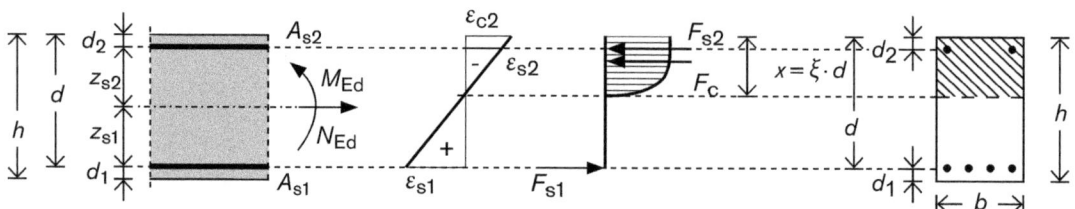

N_{Ed} ist als Druckkraft negativ!

a^*: Abstand des Schwerpunktes der Betondruckspannungen vom oberen Rand des Querschnittes

bezogenes Moment μ_{Eds}:

$$\mu_{Eds} = \frac{M_{Eds}}{b \cdot d^2 \cdot f_{cd}} = \frac{M_{Ed} - N_{Ed} \cdot z_{s1}}{b \cdot d^2 \cdot f_{cd}}$$

erf. Biegezugbewehrung A_{s1}:

$$A_{s1} = \omega_1 \cdot \frac{b \cdot d}{f_{yd}/f_{cd}} + \frac{N_{Ed}}{f_{yd}}$$

erf. Biegedruckbewehrung A_{s2}:

$$A_{s2} = \omega_2 \cdot \frac{b \cdot d}{f_{yd}/f_{cd}}$$

Beton	C12/15	C16/20	C20/25	C25/30	C30/37	C35/45	C40/50	C45/55	C50/60
f_{cd} [N/mm²]	6,8	9,1	11,3	14,2	17,0	19,8	22,7	25,5	28,3
f_{yd}/f_{cd}	63,9	48,0	38,4	30,7	25,6	21,9	19,2	17,1	15,3

μ_{Eds} [-]	$d_2/d = 0{,}05$ $\varepsilon_{s2,lim} = -2{,}80\text{\textperthousand}$		$d_2/d = 0{,}10$ $\varepsilon_{s2,lim} = -2{,}10\text{\textperthousand}$		$d_2/d = 0{,}15$ $\varepsilon_{s2,lim} = -1{,}40\text{\textperthousand}$		$d_2/d = 0{,}20$ $\varepsilon_{s2,lim} = -0{,}70\text{\textperthousand}$	
	ω_1 [-]	ω_2 [-]	ω_1 [-]	ω_2 [-]	ω_1 [-]	ω_2 [-]	ω_1 [-]	ω_2 [-]
0,19	0,2115	0,0091	0,2120	0,1000	0,2126	0,0158	0,2132	0,0336
0,20	0,2220	0,0196	0,2231	0,0215	0,2243	0,0341	0,2257	0,0725
0,21	0,2326	0,0302	0,2342	0,0330	0,2361	0,0524	0,2382	0,1113
0,22	0,2431	0,0407	0,2453	0,0445	0,2479	0,0706	0,2507	0,1501
0,23	0,2536	0,0512	0,2565	0,0560	0,2596	0,0889	0,2632	0,1889
0,24	0,2641	0,0618	0,2676	0,0675	0,2714	0,1072	0,2757	0,2277
0,25	0,2747	0,0723	0,2787	0,0790	0,2832	0,1254	0,2882	0,2666
0,26	0,2852	0,0828	0,2898	0,0905	0,2949	0,1437	0,3007	0,3054
0,27	0,2957	0,0933	0,3009	0,1020	0,3067	0,1620	0,3132	0,3442
0,28	0,3062	0,1039	0,3120	0,1135	0,3185	0,1802	0,3257	0,3830
0,29	0,3168	0,1144	0,3231	0,1250	0,3302	0,1985	0,3382	0,4218
0,30	0,3273	0,1249	0,3342	0,1365	0,3420	0,2168	0,3507	0,4607
0,31	0,3378	0,1354	0,3453	0,1480	0,3538	0,2350	0,3632	0,4995
0,32	0,3483	0,1460	0,3565	0,1595	0,3655	0,2533	0,3757	0,5383
0,33	0,3589	0,1565	0,3676	0,1710	0,3773	0,2716	0,3882	0,5771
0,34	0,3694	0,1670	0,3787	0,1825	0,3890	0,2899	0,4007	0,6159
0,35	0,3799	0,1775	0,3898	0,1940	0,4008	0,3081	0,4132	0,6548
0,36	0,3904	0,1881	0,4009	0,2055	0,4126	0,3264	0,4257	0,6936
0,37	0,4010	0,1986	0,4120	0,2170	0,4243	0,3447	0,4382	0,7324
0,38	0,4115	0,2091	0,4231	0,2285	0,4361	0,3629	0,4507	0,7712
0,39	0,4220	0,2196	0,4342	0,2400	0,4479	0,3812	0,4632	0,8100
0,40	0,4326	0,2302	0,4453	0,2515	0,4596	0,3995	0,4757	0,8489
0,41	0,4431	0,2407	0,4565	0,2630	0,4714	0,4177	0,4882	0,8877
0,42	0,4536	0,2512	0,4676	0,2745	0,4832	0,4360	0,5007	0,9265
0,43	0,4641	0,2618	0,4787	0,2860	0,4949	0,4543	0,5132	0,9653
0,44	0,4747	0,2723	0,4898	0,2975	0,5067	0,4725	0,5257	1,0041
0,45	0,4852	0,2828	0,5009	0,3090	0,5185	0,4908	0,5382	1,0430
0,46	0,4957	0,2933	0,5120	0,3205	0,5302	0,5091	0,5507	1,0818
0,47	0,5062	0,3039	0,5231	0,3320	0,5420	0,5273	0,5632	1,1206
0,48	0,5168	0,3144	0,5342	0,3435	0,5538	0,5456	0,5757	1,1594
0,49	0,5273	0,3249	0,5453	0,3550	0,5655	0,5639	0,5882	1,1982
0,50	0,5378	0,3354	0,5565	0,3665	0,5773	0,5821	0,6007	1,2371
0,51	0,5483	0,3460	0,5676	0,3780	0,5890	0,6004	0,6132	1,2759
0,52	0,5589	0,3565	0,5787	0,3895	0,6008	0,6187	0,6257	1,3147
0,53	0,5694	0,3670	0,5898	0,4010	0,6126	0,6369	0,6382	1,3535
0,54	0,5799	0,3775	0,6009	0,4125	0,6243	0,6552	0,6507	1,3923
0,55	0,5904	0,3881	0,6120	0,4240	0,6361	0,6735	0,6632	1,4312

3.2 SPANNUNGS-DEHNUNGSLINIE DES BETONSTAHLS MIT VERFESTIGUNG

3.2.1 ω-TAFELN OHNE DRUCKBEWEHRUNG, FÜR BETON BIS C50/60 MIT $\sigma_{sd} \leq f_{td,cal}$

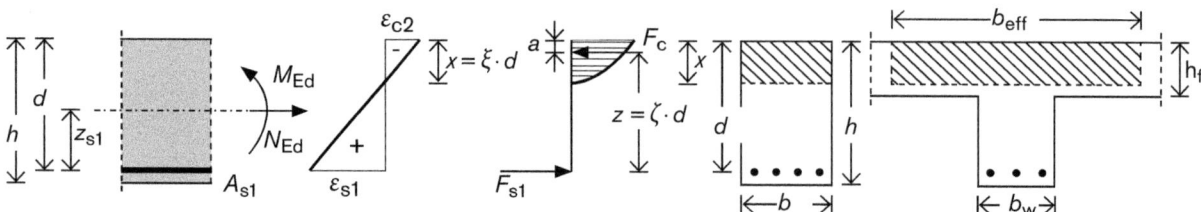

N_{Ed} ist als Druckkraft negativ!   a*: Abstand des Schwerpunktes der Betondruckspannungen vom oberen Rand des Querschnittes

bezogenes Moment μ_{Eds}:

$$\mu_{Eds} = \frac{M_{Eds}}{b \cdot d^2 \cdot f_{cd}} = \frac{M_{Ed} - N_{Ed} \cdot z_{s1}}{b \cdot d^2 \cdot f_{cd}}$$

erf. Biegezugbewehrung A_{s1}:

$$A_{s1} = \omega_1 \cdot \frac{b \cdot d}{\sigma_{sd}/f_{cd}} + \frac{N_{Ed}}{\sigma_{sd}}$$

mechanischer Bewehrungsgrad ω_1:

$$\omega_2 = \frac{A_s^*}{b \cdot d} \cdot \frac{\sigma_{sd}}{f_{cd}}; \; A_s^* = A_s - \frac{N_{Ed}}{\sigma_{sd}}$$

μ_{Eds} [-]	ω_1 [-]	$\xi = x/d$ [-]	$\zeta = z/d$ [-]	ε_{c2} [‰]	ε_{s1} [‰]	σ_{sd} [N/mm²]	α_R [-]	$K_a = a^*/x$ [-]
0,01	0,0101	0,030	0,990	-0,77	25,00	456,5	0,337	0,346
0,02	0,0203	0,044	0,985	-1,15	25,00	456,5	0,464	0,353
0,03	0,0306	0,055	0,980	-1,46	25,00	456,5	0,553	0,360
0,04	0,0410	0,066	0,976	-1,76	25,00	456,5	0,622	0,368
0,05	0,0515	0,076	0,971	-2,06	25,00	456,5	0,676	0,377
0,06	0,0621	0,086	0,967	-2,37	25,00	456,5	0,718	0,87
0,07	0,0728	0,097	0,962	-2,68	25,00	456,5	0,751	0,396
0,08	0,0836	0,107	0,957	-3,01	25,00	456,5	0,778	0,405
0,09	0,0946	0,118	0,951	-3,35	25,00	456,5	0,801	0,413
0,10	0,1058	0,131	0,946	-3,50	23,29	454,9	0,810	0,416
0,11	0,1170	0,145	0,940	-3,50	20,71	452,4	0,810	0,416
0,12	0,1285	0,159	0,934	-3,50	18,55	450,4	0,810	0,416
0,13	0,1401	0,173	0,928	-3,50	16,73	448,6	0,810	0,416
0,14	0,1519	0,188	0,922	-3,50	15,16	447,1	0,810	0,416
0,15	0,1638	0,202	0,916	-3,50	13,80	445,9	0,810	0,416
0,16	0,1759	0,217	0,910	-3,50	12,61	444,7	0,810	0,416
0,17	0,1882	0,233	0,903	-3,50	11,56	443,7	0,810	0,416
0,18	0,2007	0,248	0,897	-3,50	10,62	442,8	0,810	0,416
0,181	0,2024	0,250	0,896	-3,50	10,50	442,7	0,810	0,416
0,19	0,2134	0,264	0,890	-3,50	9,78	442,0	0,810	0,416
0,20	0,2263	0,280	0,884	-3,50	9,02	441,3	0,810	0,416
0,21	0,2395	0,296	0,877	-3,50	8,33	440,6	0,810	0,416
0,22	0,2529	0,312	0,870	-3,50	7,71	440,1	0,810	0,416
0,23	0,2665	0,329	0,863	-3,50	7,13	439,5	0,810	0,416
0,24	0,2804	0,346	0,856	-3,50	6,61	439,0	0,810	0,416
0,25	0,2946	0,364	0,849	-3,50	6,12	438,5	0,810	0,416
0,26	0,3091	0,382	0,841	-3,50	5,67	438,1	0,810	0,416
0,27	0,3239	0,400	0,834	-3,50	5,25	437,7	0,810	0,416
0,28	0,3391	0,419	0,826	-3,50	4,86	437,3	0,810	0,416
0,29	0,3546	0,438	0,818	-3,50	4,49	437,0	0,810	0,416
0,296	0,3643	0,450	0,813	-3,50	4,28	436,8	0,810	0,416
0,30	0,3706	0,458	0,810	-3,50	4,15	436,7	0,810	0,416
0,31	0,3869	0,478	0,801	-3,50	3,82	436,4	0,810	0,416
0,32	0,4038	0,499	0,793	-3,50	3,52	436,1	0,810	0,416
0,33	0,4211	0,520	0,984	-3,50	3,23	435,8	0,810	0,416
0,34	0,4391	0,542	0,774	-3,50	2,95	435,5	0,810	0,416
0,35	0,4576	0,565	0,765	-3,50	2,69	435,3	0,810	0,416
0,36	0,4768	0,589	0,755	-3,50	2,44	435,0	0,810	0,416
0,37	0,4968	0,614	0,745	-3,50	2,20	434,8	0,810	0,416
0,371	0,4994	0,617	0,743	-3,50	2,17	434,8	0,810	0,416

3.2.2 ω - TAFELN MIT DRUCKBEWEHRUNG FÜR $x_{lim} = (x/d)_{lim} = 0{,}617$, FÜR BETON BIS C50/60 MIT $\sigma_{sd} \leq f_{td,cal}$
(Spannungs-Dehnungslinie des Betonstahls mit Verfestigung)

$\mu_{Eds,lim}$ [-]	ω_1 [-]	$\xi = x/d$ [-]	$\zeta = z/d$ [-]	ε_{c2} [‰]	$\varepsilon_{s1,lim}$ [‰]	σ_{sd} [N/mm²]	α_R [-]	$K_a = a^*/x$ [-]
0,371	0,4994	0,617	0,743	-3,50	2,174	434,8	0,810	0,416

N_{Ed} ist als Druckkraft negativ! a^*: Abstand des Schwerpunktes der Betondruckspannungen vom oberen Rand des Querschnittes

bezogenes Moment μ_{Eds}:

$$\mu_{Eds} = \frac{M_{Eds}}{b \cdot d^2 \cdot f_{cd}} = \frac{M_{Ed} - N_{Ed} \cdot z_{s1}}{b \cdot d^2 \cdot f_{cd}}$$

erf. Biegezugbewehrung A_{s1}:

$$A_{s1} = \omega_1 \cdot \frac{b \cdot d}{\sigma_{sd}/f_{cd}} + \frac{N_{Ed}}{\sigma_{sd}}$$

erf. Biegedruckbewehrung ω_1:

$$A_{s2} = \omega_2 \cdot \frac{b \cdot d}{\sigma_{s2d}/f_{cd}}$$

| | $d_2/d = 0{,}05$ | | $d_2/d = 0{,}10$ | | $d_2/d = 0{,}15$ | | $d_2/d = 0{,}20$ | |
| | $\sigma_{s2d} = -435{,}8$ MN/m² | | $\sigma_{s2d} = -435{,}5$ MN/m² | | $\sigma_{s2d} = -435{,}2$ MN/m² | | $\sigma_{s2d} = -435{,}0$ MN/m² | |
μ_{Eds} [-]	ω_1 [-]	ω_2 [-]	ω_1 [-]	ω_2 [-]	ω_1 [-]	ω_2 [-]	ω_1 [-]	ω_2 [-]
0,38	0,5087	0,0092	0,5092	0,0097	0,5097	0,0103	0,5104	0,0109
0,39	0,5192	0,0197	0,5203	0,0208	0,5215	0,0220	0,5229	0,2034
0,40	0,5297	0,0302	0,5314	0,0319	0,5333	0,0338	0,5354	0,0359
0,41	0,5402	0,0408	0,5425	0,0430	0,5450	0,0456	0,5479	0,0484
0,42	0,5508	0,0513	0,5536	0,0541	0,5568	0,0573	0,5604	0,0609
0,43	0,5613	0,0618	0,5647	0,0652	0,5686	0,0691	0,5729	0,0734
0,44	0,5718	0,0723	0,5758	0,0764	0,5803	0,0808	0,5854	0,0859
0,45	0,5823	0,0829	0,5869	0,0875	0,5921	0,0926	0,5979	0,0984
0,46	0,5929	0,0934	0,5981	0,0986	0,6039	0,1044	0,6104	0,1109
0,47	0,6034	0,1039	0,6092	0,1097	0,6156	0,1161	0,6229	0,1234
0,48	0,6139	0,1144	0,6203	0,1208	0,6274	0,1279	0,6354	0,1359
0,49	0,6244	0,1250	0,6314	0,1319	0,6391	0,1397	0,6479	0,1484
0,50	0,6350	0,1355	0,6425	0,1430	0,6509	0,1514	0,6604	0,1609
0,51	0,6455	0,1460	0,6536	0,1541	0,6627	0,1632	0,6729	0,1734
0,52	0,6560	01565	0,6647	0,1652	0,6744	0,1750	0,6854	0,1859
0,53	0,6665	0,1671	0,6758	0,1764	0,6862	0,1867	0,6979	0,1984
0,54	0,6771	0,1776	0,6869	0,1875	0,6980	0,1985	0,7104	0,2109
0,55	0,6876	0,1881	0,6981	0,1986	0,7097	0,2103	0,7229	0,2234

3.2.3 ω-TAFELN MIT DRUCKBEWEHRUNG FÜR $x_{lim} = (x/d)_{lim} = 0{,}45$ FÜR BETON BIS C50/60 MIT $\sigma_{sd} \leq f_{td,cal}$
(Spannungs-Dehnungslinie des Betonstahls mit Verfestigung)

$\mu_{Eds,lim}$ [-]	ω_1 [-]	$\xi = x/d$ [-]	$\zeta = z/d$ [-]	ε_{c2} [‰]	$\varepsilon_{s1,lim}$ [‰]	σ_{sd} [N/mm²]	α_R [-]	$K_a = a^*/x$ [-]
0,296	0,3643	0,450	0,813	-3,50	4,28	436,8	0,810	0,416

N_{Ed} ist als Druckkraft negativ!
a^*: Abstand des Schwerpunktes der Betondruckspannungen vom oberen Rand des Querschnittes

bezogenes Moment μ_{Eds}:

$$\mu_{Eds} = \frac{M_{Eds}}{b \cdot d^2 \cdot f_{cd}} = \frac{M_{Ed} - N_{Ed} \cdot z_{s1}}{b \cdot d^2 \cdot f_{cd}}$$

erf. Biegezugbewehrung A_{s1}:

$$A_{s1} = \omega_1 \cdot \frac{b \cdot d}{\sigma_{sd}/f_{cd}} + \frac{N_{Ed}}{\sigma_{sd}}$$

erf. Biegedruckbewehrung ω_1:

$$A_{s2} = \omega_2 \cdot \frac{b \cdot d}{\sigma_{s2d}/f_{cd}}$$

| | $d_2/d = 0{,}05$ | | $d_2/d = 0{,}10$ | | $d_2/d = 0{,}15$ | | $d_2/d = 0{,}20$ | |
| | $\sigma_{s2d} = -435{,}7$ MN/m² | | $\sigma_{s2d} = -435{,}3$ MN/m² | | $\sigma_{s2d} = -434{,}9$ MN/m² | | $\sigma_{s2d} = -388{,}9$ MN/m² | |
μ_{Eds} [-]	ω_1 [-]	ω_2 [-]	ω_1 [-]	ω_2 [-]	ω_1 [-]	ω_2 [-]	ω_1 [-]	ω_2 [-]
0,30	0,3684	0,0041	0,3686	0,0043	0,3689	0,0046	0,3692	0,0049
0,31	0,3789	0,0146	0,3797	0,0155	0,3806	0,0164	0,3817	0,0174
0,32	0,3895	0,0252	0,3908	0,0266	0,3924	0,0281	0,3942	0,0299
0,33	0,4000	0,0357	04020	0,0377	0,4042	0,0399	0,4067	0,0424
0,34	0,4105	0,0462	0,4131	0,0488	0,4159	0,0517	0,4192	0,0549
0,35	0,4210	0,0567	0,4242	0,0599	0,4277	0,0634	0,4317	0,0674
0,36	0,4316	0,0673	0,4353	0,0710	0,4395	0,0752	0,4442	0,0799
0,37	0,4421	0,0778	0,4464	0,0821	0,4512	0,0869	0,4567	0,0924
0,38	0,4526	0,0883	0,4575	0,0932	0,4630	0,0987	0,4692	0,1049
0,39	0,4631	0,0989	0,4686	0,1043	0,4748	0,1105	0,4817	0,1174
0,40	0,4737	0,1094	0,4797	0,1155	0,4865	0,1222	0,4942	0,1299
0,41	0,4842	0,1199	0,4908	0,1266	0,4983	0,1340	0,5067	0,1424
0,42	0,4947	0,1304	0,5020	0,1377	0,5101	0,1458	0,5192	0,1549
0,43	0,5052	0,1410	0,5131	0,1488	0,5218	0,1575	0,5317	0,1674
0,44	0,5158	0,1515	0,5242	0,1599	0,5336	0,1693	0,5442	0,1799
0,45	0,5263	0,1620	0,5353	0,1710	0,5454	0,1811	0,5567	0,1924
0,46	0,5368	0,1725	0,5464	0,1821	0,5571	0,1928	0,5692	0,2049
0,47	0,5473	0,1831	0,5575	0,1932	0,5689	0,2046	0,5817	0,2174
0,48	0,5579	0,1936	0,5686	0,2043	0,5806	0,2164	0,5942	0,2299
0,49	0,5684	0,2041	0,5797	0,2155	0,5924	0,2281	0,6067	0,2424
0,50	0,5789	0,2146	0,5908	0,2266	0,6042	0,2399	0,6192	0,2549
0,51	0,5895	0,2252	0,6020	0,2377	0,6159	0,2517	0,6317	0,2674
0,52	0,6000	0,2357	0,6131	0,2488	0,6277	0,2634	0,6442	0,2799
0,53	0,6105	0,2462	0,6242	0,2599	0,6395	0,2752	0,6567	0,2924
0,54	0,6210	0,2567	0,6353	0,2710	0,6512	0,2869	0,6692	0,3049
0,55	0,6316	0,2673	0,6464	0,2821	0,6630	0,2987	0,6817	0,3174

3.2.4 ω - TAFELN MIT DRUCKBEWEHRUNG FÜR $x_{lim} = (x/d)_{lim} = 0{,}25$ FÜR BETON BIS C50/60 MIT $\sigma_{sd} \leq f_{td,cal}$
(Spannungs-Dehnungslinie des Betonstahls mit Verfestigung)

$\mu_{Eds,\,lim}$ [-]	ω_1 [-]	$\xi = x/d$ [-]	$\zeta = z/d$ [-]	ε_{c2} [‰]	$\varepsilon_{s1,lim}$ [‰]	σ_{sd} [N/mm²]	α_R [-]	$K_a = a^*/x$ [-]
0,181	0,2024	0,250	0,896	-3,50	10,50	442,7	0,810	0,416

N_{Ed} ist als Druckkraft negativ! a^*: Abstand des Schwerpunktes der Betondruckspannungen vom oberen Rand des Querschnittes

bezogenes Moment μ_{Eds}:

$$\mu_{Eds} = \frac{M_{Eds}}{b \cdot d^2 \cdot f_{cd}} = \frac{M_{Ed} - N_{Ed} \cdot z_{s1}}{b \cdot d^2 \cdot f_{cd}}$$

erf. Biegezugbewehrung A_{s1}:

$$A_{s1} = \omega_1 \cdot \frac{b \cdot d}{\sigma_{sd}/f_{cd}} + \frac{N_{Ed}}{\sigma_{sd}}$$

erf. Biegedruckbewehrung ω_1:

$$A_{s2} = \omega_2 \cdot \frac{b \cdot d}{\sigma_{s2d}/f_{cd}}$$

| | $d_2/d = 0{,}05$ | | $d_2/d = 0{,}10$ | | $d_2/d = 0{,}15$ | | $d_2/d = 0{,}20$ | |
| | $\sigma_{s2d} = -435{,}4$ MN/m² | | $\sigma_{s2d} = -420{,}0$ MN/m² | | $\sigma_{s2d} = -280{,}0$ MN/m² | | $\sigma_{s2d} = -140{,}0$ MN/m² | |
μ_{Eds} [-]	ω_1 [-]	ω_2 [-]	ω_1 [-]	ω_2 [-]	ω_1 [-]	ω_2 [-]	ω_1 [-]	ω_2 [-]
0,19	0,2115	0,0091	0,2120	0,096	0,2126	0,0102	0,2132	0,0108
0,20	0,2220	0,0197	0,2231	0,0207	0,2243	0,0220	0,2257	0,0233
0,21	0,2326	0,0302	0,2342	0,0319	0,2361	0,0337	0,2382	0,0358
0,22	0,2431	0,0407	0,2453	0,0430	0,2479	0,0455	0,2507	0,0483
0,23	0,2536	0,0512	0,2565	0,0541	0,2596	0,0573	0,2632	0,0608
0,24	0,2641	0,0618	0,2676	0,0652	0,2714	0,0690	0,2757	0,0733
0,25	0,2747	0,0723	0,2787	0,0763	0,2832	0,0808	0,2882	0,0858
0,26	0,2852	0,0828	0,2898	0,0874	0,2949	0,0926	0,3007	0,0983
0,27	0,2957	0,0933	0,3009	0,0985	0,3067	0,1043	0,3121	0,1108
0,28	0,3062	0,1039	0,3120	0,1096	0,3185	0,1161	0,3257	0,1233
0,29	0,3158	0,1144	0,3231	0,1207	0,3302	0,1278	0,3382	0,1358
0,30	0,3273	0,1249	0,3342	0,1319	0,3420	0,1396	0,3507	0,1483
0,31	0,3378	0,1354	0,3453	0,1430	0,3538	0,1514	0,3632	0,1608
0,32	0,3483	0,1460	0,3565	0,1541	0,3655	0,1631	0,3757	0,1733
0,33	0,3589	0,1565	0,3676	0,1652	0,3773	0,1749	0,3882	0,1858
0,34	0,3694	0,1670	0,3787	0,1763	0,3891	0,1867	0,4007	0,1983
0,35	0,3799	0,1775	0,3898	0,1874	0,4008	0,1984	0,4132	0,2108
0,36	0,3905	0,1881	0,4009	0,1985	0,4126	0,2102	0,4257	0,2233
0,37	0,1010	0,1986	0,4120	0,2096	0,4243	0,2220	0,4382	0,2358
0,38	0,4115	0,2091	0,4231	0,2207	0,4361	0,2337	0,4507	0,2483
0,39	0,4220	0,2197	0,4342	0,2319	0,4479	0,2455	0,4632	0,2608
0,40	0,4326	0,2302	0,4453	0,2430	0,4596	0,2573	0,4757	0,2733
0,41	0,4431	0,2407	0,4565	0,2541	0,4714	0,2690	0,4882	0,2858
0,42	0,4536	0,2512	0,4676	0,2652	0,4832	0,2808	0,5007	0,2983
0,43	0,4641	0,2618	0,4787	0,2763	0,4949	0,2926	0,5132	0,3108
0,44	0,4747	0,2723	0,4898	0,2874	0,5067	0,3043	0,5257	0,3233
0,45	0,4852	0,2828	0,5009	0,2985	0,5185	0,3161	0,5382	0,3358
0,46	0,4957	0,2933	0,5120	0,3096	0,5302	0,3278	0,5507	0,3483

>>>

>>>

0,47	0,5062	0,3039	0,5231	0,3207	0,5420	0,3396	0,5632	0,3608
0,48	0,5168	0,3144	0,5342	0,3319	0,5538	0,3514	0,5757	0,3733
0,49	0,5273	0,3249	0,5453	0,3430	0,5655	0,3631	0,5882	0,3858
0,50	0,5378	0,3354	0,5565	0,3541	0,5773	0,3749	0,6007	0,3983
0,51	0,5483	0,3460	0,5676	0,3652	0,5891	0,3867	0,6132	0,4108
0,52	0,5589	0,3565	0,5787	0,3763	0,6008	0,3984	0,6257	0,4233
0,53	0,5694	0,3670	0,5898	0,3874	0,6126	0,4102	0,6382	0,4358
0,54	0,5799	0,3775	0,6009	0,3985	0,6243	0,4220	0,6507	0,4483
0,55	0,5905	0,3881	0,6120	0,4096	0,6361	0,4337	0,6632	0,4608

4 BEMESSUNG FÜR ZUG MIT GERINGER AUSMITTE UND ZENTRISCHEM ZUG

Zug mit geringer Ausmitte | Zentrischer Zug

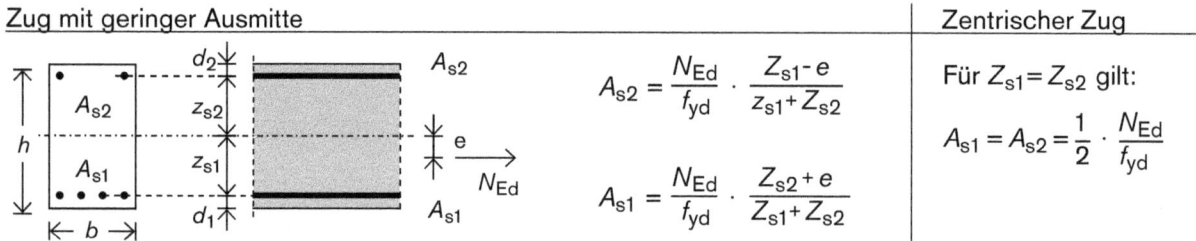

$$A_{s2} = \frac{N_{Ed}}{f_{yd}} \cdot \frac{z_{s1} - e}{z_{s1} + z_{s2}}$$

$$A_{s1} = \frac{N_{Ed}}{f_{yd}} \cdot \frac{z_{s2} + e}{z_{s1} + z_{s2}}$$

Für $z_{s1} = z_{s2}$ gilt:

$$A_{s1} = A_{s2} = \frac{1}{2} \cdot \frac{N_{Ed}}{f_{yd}}$$

5 BEMESSUNG FÜR QUERKRAFT (DIN EN 1992-1-1, 6.2)

5.1 BEMESSUNGSWERT DER EINWIRKENDEN QUERKRAFT V_{Ed}

Bei gleichmäßig verteilter Belastung und **direkter Lagerung** darf die Bemessungsquerkraft im Abstand d vom Auflager nachgewiesen werden.

Die erforderliche Querkraftbewehrung ist i.d.R. bis zum Auflager weiterzuführen. Zusätzlich ist i.d.R. nachzuweisen, dass die Querkraft am Auflager $V_{Rd,max}$ nicht überschreitet. Bei **indirekter Lagerung** muss die Bemessungsquerkraft für alle Nachweise i.d.R. in der Auflagerachse bestimmt werden.

Bei Bauteilen mit oberseitiger Eintragung einer Einzellast im Bereich von $0,5\,d \leq a_v < 2\,d$ vom Auflagerrand darf bei direkter Lagerung der Querkraftanteil dieser Last um den Faktor $\beta = a_v / 2,0\,d$ abgemindert werden und beim Nachweis der Querkrafttragfähigkeit ohne Querkraftbewehrung ($V_{Ed} \leq V_{Rd,c}$) verwendet werden. Die Längsbewehrung muss dabei vollständig im Auflager verankert werden. Zusätzlich muss die ohne die Abminderung berechnete Querkraft die Bedingung $V_{Ed} \leq 0,5\,b_w \cdot d \cdot v \cdot f_{cd}$ erfüllen.

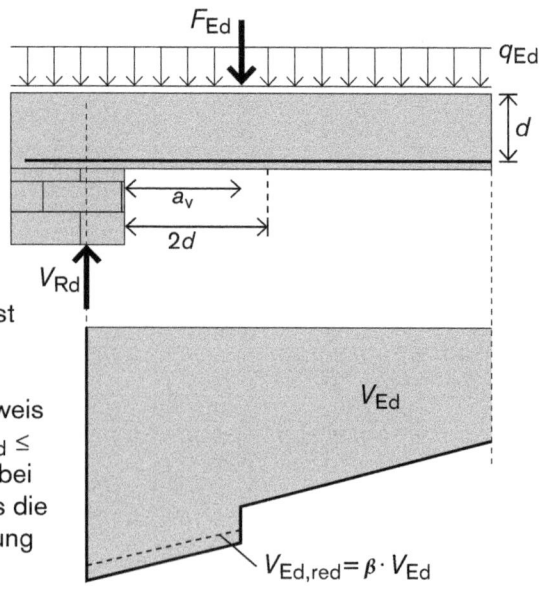

5.2 BEMESSUNGSWERTE DES QUERKRAFTWIDERSTANDS $V_{Rd,i}$

Für die Nachweise des Querkraftwiderstands werden folgende Bemessungswerte definiert:
$V_{Rd,c}$ Querkraftwiderstand eines Bauteils ohne Querkraftbewehrung
$V_{Rd,s}$ durch die Fließgrenze der Querkraftbewehrung begrenzter Querkraftwiderstand
$V_{Rd,max}$ durch die Druckstrebenfestigkeit begrenzter maximaler Querkraftwiderstand

Bei **Bauteilen mit geneigten Gurten** werden folgende zusätzliche **Bemessungswerte definiert:**
V_{ccd} Querkraftkomponente in der Druckzone bei geneigtem Druckgurt
V_{td} Querkraftkomponente in der Zugzone bei geneigtem Zuggurt

Querkraftwiderstand eines Bauteils mit Querkraftbewehrung:
$$V_{Rd} = V_{Rd,s} + V_{ccd} + V_{td} (+ V_{pd})$$

5.3 NACHWEISE

$V_{Rd,c} \geq V_{Ed}$ rechnerisch keine Querkraftbewehrung erforderlich
$V_{Rd,c} < V_{Ed}$ Querkraftbewehrung erforderlich mit $V_{Rd,s} \geq V_{Ed}$
$V_{Rd,max} \leq V_{Ed}$ der Bemessungswert der einwirkenden Querkraft darf in keinem Querschnitt des Bauteils den Wert $V_{Rd,max}$ überschreiten

5.4 BAUTEILE **OHNE** RECHNERISCH ERFORDERLICHE QUERKRAFTBEWEHRUNG: $V_{Ed} \leq V_{Rd,c}$

Bemessungswert des Querkraftwiderstands $V_{Rd,c}$ des Betonquerschnitts:

$V_{Rd,c} = \left[C_{Rd,c} \cdot k \cdot (100 \cdot \rho_l \cdot f_{ck})^{1/3} + 0{,}12 \cdot \sigma_{cp} \right] \cdot b_w \cdot d$ mit einem Mindestwert $V_{Rd,c} = (v_{min} + 0{,}12 \cdot \sigma_{cp}) \cdot b_w \cdot d$

mit
- C_{Rd} = $0{,}15 / \gamma_c$
- f_{ck} charakteristische Betonfestigkeit [N/mm²]
- k = $1 + \sqrt{200/d} \leq 2{,}0$ mit d [mm]
- ρ_l = $A_{sl} / (b_w d) \leq 0{,}02$
- A_{sl} Fläche der Zugbewehrung, die mindestens $(l_{bd} + d)$ über den betrachteten Querschnitt hinaus geführt wird
- b_w kleinste Querschnittsbreite innerhalb der Zugzone des Querschnitts [mm]
- σ_{cp} = $N_{Ed} / A_c < 0{,}2 \cdot f_{cd}$ [N/mm²]; Betonzugspannungen σ_{cp} sind negativ einzusetzen.
- N_{Ed} Normalkraft im Querschnitt infolge Lastbeanspruchung oder Vorspannung [N] ($N_{Ed} > 0$ für Druck). Der Einfluss von Zwang auf N_{Ed} darf vernachlässigt werden.
- A_c Betonquerschnittsfläche [mm²]
- v_{min} = $(0{,}0525 / \gamma_c) \cdot k^{3/2} \cdot f_{ck}^{1/2}$ für $d \leq 600$ mm
- v_{min} = $(0{,}0375 / \gamma_c) \cdot k^{3/2} \cdot f_{ck}^{1/2}$ für $d > 800$ mm
  für $600 < d \leq 800$ darf interpoliert werden.
- $V_{Rd,c}$ in [N]

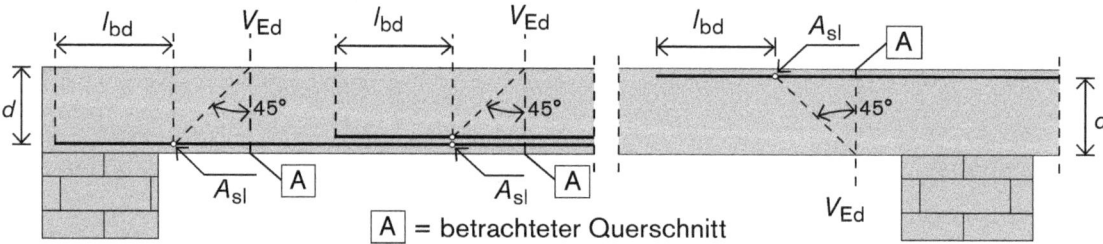

$\boxed{A}$ = betrachteter Querschnitt

In Sonderfällen, z. B. bei vorgespannten, einfeldrigen, statisch bestimmten Spannbetonfertigteilen mit sofortigem Verbund, wenn
- vorwiegend ruhende Belastung vorherrscht und
- Biegezugspannung $\sigma_c < f_{ctk;0{,}05} / \gamma_c$

kann der Bemessungswert der Querkrafttragfähigkeit $V_{Rd,c}$ alternativ ermittelt werden:

$V_{Rd,c} = \dfrac{I \cdot b_w}{S} \cdot \sqrt{(f_{ctd})^2 - \alpha_l \cdot \sigma_{cp} \cdot f_{ctd}}$

mit
- I Flächenmoment 2. Grades des Querschnitts (Trägheitsmoment)
- b_w kleinste Querschnittsbreite des Zuggurtes unter Berücksichtigung evtl. Hüllrohre
- S Flächenmoment 1. Grades des Querschnitts (Statisches Moment)
- α_l = $l_x / l_{pt2} \leq 1{,}0$ bei Vorspannung mit sofortigem Verbund
  = $1{,}0$ in den übrigen Fällen
- l_x Abstand des betrachteten Querschnitts vom Beginn der Verankerungslänge
- l_{pt2} oberer Grenzwert der Übertragungslänge des Spannglieds nach DIN EN 1992-1-1 Gl. (8.18)
- f_{ctd} $\alpha_{ct} \cdot f_{ctk;0{,}05} / \gamma_c$
- α_{ct} i.d.R. = 0,85
- $f_{ctk;0{,}05}$ 5%-Quantilwert der Betonzugfestigkeit nach DIN EN 1992-1-1, Tab. 3.1
- γ_c = 1,5 Teilsicherheitsbeiwert für Beton

5.5 BAUTEILE **MIT** RECHNERISCH ERFORDERLICHER QUERKRAFTBEWEHRUNG: $V_{Ed} > V_{Rd,c}$

Die Bemessung von Bauteilen mit Querkraftbewehrung basiert auf einem Fachwerkmodell. Die Druckstrebenneigung θ im Steg ist zu begrenzen.

Nachweis: $V_{Ed} \leq V_{Rd,s}$

Bügel rechtwinklig zur Bauteilachse:	Querkraftbewehrung um Winkel α geneigt:
$V_{Rd,s} = \dfrac{A_{sw}}{s} \cdot f_{ywd} \cdot z \cdot \cot\theta$	$V_{Rd,s} = \dfrac{A_{sw}}{s} \cdot f_{ywd} \cdot z \cdot (\cot\theta + \cot\alpha) \cdot \sin\alpha$

mit
- A_{sw} Querschnittsfläche der Querkraftbewehrung (Bügel)
- s Abstand der Bügel in Richtung der Biegezugbewehrung
- f_{ywd} Bemessungswert der Betonstahlstreckgrenze der Querkraftbewehrung
- z innerer Hebelarm: $z = 0{,}9 \cdot d$ mit $z \leq d - 2 \cdot c_{v,l}$ und $z \leq d - c_{v,l} - 30\,mm$
  mit $c_{v,l}$ = Verlegemaß der Längsbewehrung in der Betondruckzone in mm
  bei Zugstäben: z = Abstand der Zugbewehrungen
- θ Neigung der Druckstreben $\leq 60°$

$$1{,}0 \text{ (bzw. } 0{,}85) \leq \cot\theta \leq \frac{1{,}2 + 1{,}4\,\sigma_{cp}/f_{cd}}{1 - V_{Rd,cc}/V_{Ed}} \leq 3{,}0$$

für Normalbeton $\cot\theta \leq 3{,}0$ bzw. $\theta \geq 18{,}5°$

für $\cot\theta < 1{,}0$ ist die Querkraftbewehrung geneigt einzubauen!

mit

$$V_{Rd,cc} = \left[c \cdot 0{,}48 \cdot f_{ck}^{1/3} \cdot \left(1 - 1{,}2 \cdot \frac{\sigma_{cp}}{f_{cd}}\right) \right] \cdot b_w \cdot z$$

- c = 0,5
- σ_{cp} Betonlängsspannung in Höhe des Schwerpunktes des Querschnitts
  = N_{Ed}/A_c (in N/mm²)
- N_{Ed} Längskraft infolge äußerer Einwirkung oder Vorspannung ($N_{Ed} > 0$ für Druck)
- f_{ck} charakteristische Betondruckfestigkeit; in N/mm²

Näherungsweise kann angenommen werden: $\cot\theta$ = 1,2 für reine Biegung
   = 1,2 für Biegung mit Längs**druck**kraft
   = 1,0 für Biegung mit Längs**zug**kraft

5.6 MAXIMALE QUERKRAFTTRAGFÄHIGKEIT

Nachweis: $V_{Ed} \leq V_{Rd,max}$

Bügel rechtwinklig zur Bauteilachse:	Querkraftbewehrung um Winkel α geneigt:
$V_{Rd,max} = \dfrac{b_w \cdot z \cdot v_1 \cdot f_{cd}}{\cot\theta + \tan\theta}$	$V_{Rd,max} = b_w \cdot z \cdot v_1 \cdot f_{cd} \cdot \dfrac{\cot\theta + \cot\alpha}{1 + \cot^2\theta}$

mit $\quad v_1 = 0{,}75 \cdot v_2$
$\quad\quad v_2 = 1{,}0 \quad\quad\quad\quad\quad\quad\quad\text{für} \leq C50/60$
$\quad\quad v_2 = (1{,}1 - f_{ck}/500) \leq 1{,}0 \quad \text{für} \geq C55/67$

Bei Spanngliedern im Steg und wenn $\varnothing_h > b_w/8$ (= Hüllrohr-Außendurchmesser) ist der Nachweis mit der Breite $b_{w,nom}$ zu führen, dabei gilt:
- für verpresste Spannglieder:

    $b_{w,nom} = b_w - 0{,}5 \cdot \Sigma\varnothing_h$ für Beton bis C50/60
    $b_{w,nom} = b_w - 1{,}0 \cdot \Sigma\varnothing_h$ für Beton ab C55/67
- für nicht verpresste Spannglieder und Spannglieder ohne Verbund:

    $b_{w,nom} = b_w - 1{,}2 \cdot \Sigma\varnothing_h$ (eine Abminderung infolge eingelegter Querbewehrung ist nicht zulässig)

6 BEMESSUNG FÜR SCHUBKRÄFTE ZWISCHEN BALKENSTEG UND GURTEN

Mittlerer aufzunehmender Längsschub v_{Ed} je Längeneinheit:

$$v_{Ed} = \frac{\Delta F_d}{h_f \cdot \Delta x}$$

mit $\quad \Delta F_d \quad$ Längskraftdifferenz über die Länge Δx des betrachteten Gurtabschnitts
$\quad\quad \Delta x \quad$ betrachtete Länge, in dem ΔF_d als konstant angenommen werden kann, dabei gilt:
- höchstens der halbe Abstand zwischen Momentennullpunkt und Momentenmaximum
- bei nennenswerten Einzellasten sollten die Abschnitte Δx nicht über die Querkraftsprünge hinausgehen

$\quad\quad h_f \quad$ Gurtdicke am Anschluss

Erforderliche Querbewehrung im Gurt:

$$a_{sf} = \frac{A_{sf}}{s_f} = \frac{v_{Ed} \cdot h_f}{f_{yd} \cdot \cot\theta_f} = \frac{\Delta F_d}{f_{yd} \cdot \Delta x \cdot \cot\theta_f} \qquad v_{Ed} \leq v \cdot f_{cd} \cdot \sin\theta_f \cdot \cos\theta_f \qquad \text{für Zug- und Druckgurt}$$

mit $\cot\theta_f$ = 1,0 bei Zuggurten
  = 1,2 bei Druckgurten

 v = v_1 = 0,75 · v_2
 v_2 = 1,0 für ≤ C50/60
  = 1,1 - f_{ck}/500 für ≥ C55/67

 h_f Höhe des Gurtes

- Die Begrenzung von a_{sf} erfolgt zur Vermeidung des Druckstrebenversagens.
- Bei kombinierter Beanspruchung aus Schub zwischen Gurt und Steg und aus Querbiegung ist der jeweils größere erforderliche Stahlquerschnitt anzuordnen, der sich entweder aus der Schubbewehrung a_{sf} oder der erforderlichen Biegebewehrung für Querbiegung und der halben Schubbewehrung a_{sf} ergibt.
- Wenn in der Gurtplatte eine Querkraftbewehrung erforderlich wird, sollte der Nachweis der Druckstreben in beiden Beanspruchungsrichtungen des Gurtes der Scheibe und Platte in linearer Interaktion geführt werden:

$$(V_{Ed,Platte} / V_{Rd,max,Platte}) + (V_{Ed,Scheibe} / V_{Rd,max,Scheibe}) \leq 1,0$$

7 SCHUBKRAFTÜBERTRAGUNG IN VERBUNDFUGEN (DIN EN 1992-1-1, 6.2.5)
7.1 ALLGEMEINES

In der Verbundfuge erfolgt die Schubkraftübertragung aufgrund der Rauigkeit und der Oberflächenbeschaffenheit der Fuge zwischen:

- nebeneinanderliegenden Fertigteilen
- Ortbeton und einem Fertigteil
- nacheinander betonierten Ortbetonabschnitten

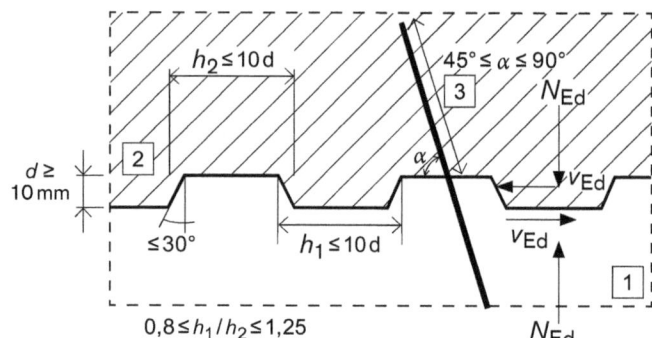

1 erster Betonierabschnitt
2 zweiter Betonierabschnitt
3 Verankerung der Bewehrung

Die **Fugenausbildung** ist:

sehr glatt
- die Oberfläche wird gegen Stahl, Kunststoff oder glatte Holzschalung betoniert
- die Oberfläche von unbehandelten Fugenoberflächen bei Verwendung von Beton mit fließfähiger bis sehr fließfähiger Konsistenz

glatt
- die Oberfläche wird abgezogen oder
- die Oberfläche wird im Gleit- bzw. Extruderverfahren hergestellt

oder
- die Oberfläche bleibt nach dem Verdichten ohne weitere Behandlung

rau
- die Oberfläche weist eine definierte Rauigkeit auf (NCI Zu 6.2.5(2))

verzahnt
- die Geometrie der Oberfläche entspricht obenstehendem Bild
- vorhandene Gesteinskörnung ≥ 16 mm und Freilegung von 6 mm Tiefe mittels Hochdruckwasserstrahl

Nachweis: $v_{Edj} \leq v_{Rdj}$

mit v_{Edj} Bemessungswert der in der Verbundfuge zu übertragende Längsschubkraft (je Längeneinheit)

v_{Rdj} Bemessungswert der Längsschubtragfähigkeit in der Fuge (je Längeneinheit)

7.2 ZU ÜBERTRAGENDE SCHUBKRAFT v_{Edj} JE LÄNGENEINHEIT

$$v_{Edj} = \beta \cdot \frac{V_{Ed}}{z \cdot b_i}$$

mit β das Verhältnis der Normalkraft in der Betonergänzung und der Gesamtnormalkraft in der Druck- und Zugzone im betrachteten Querschnitt
(Zugzone $\beta = 1{,}0$; Druckzone $\beta = F_{cdi}/F_{cd} \leq 1{,}0$)
z innerer Hebelarm
V_{Ed} Bemessungswert der im betrachteten Querschnitt wirkenden Querkraft
b_i Breite der Fuge

7.3 BEMESSUNGSWERTE DER AUFNEHMBAREN SCHUBKRAFT v_{Rdj} JE LÄNGENEINHEIT

$$v_{Rdj} = v_{Rdj,c} + v_{Rdj,s} \leq v_{Rdj,max}$$

mit v_{Rdj} Bemessungswert der Längsschubtragfähigkeit in Fugen
$v_{Rdj,c}$ Traganteil der aufnehmbaren Schubkraft aus Adhäsion und Reibung
$v_{Rdj,s}$ Traganteil der aufnehmbaren Schubkraft aus Verbundbewehrung
$v_{Rdj,max}$ maximal aufnehmbare Schubkraft

7.3 BEMESSUNGSWERTE DER AUFNEHMBAREN SCHUBKRAFT v_{Rdj} JE LÄNGENEINHEIT

$v_{Rd,c} = c \cdot f_{ctd} + \mu \cdot \sigma_n$

mit
    c   Rauigkeitsbeiwert nach nebenstehender Tabelle
    f_{ctd} Bemessungswert der Betonzugfestigkeit des Ortbetons oder des Fertigteils, der kleinere Wert ist maßgebend (in N/mm²) mit $f_{ctd} = \alpha_{ct} \cdot f_{ctk;0,05} / \gamma_c$ und $\gamma_c = 1,5$ für unbewehrten Beton und $\alpha_{ct} = 0,85$
    μ Reibungsbeiwert nach nebenstehender Tabelle
    σ_n Normalspannung infolge der äußeren Last senkrecht zur Fugenfläche $\sigma_n < 0,6 \cdot f_{cd}$ ($\sigma_n > 0$ für Druckspannung)

Oberflächen-beschaffenheit	c	μ	v
verzahnt	0,50	0,9	0,7
rau	0,40[1]	0,7	0,5
glatt	0,20[1]	0,6	0,2
sehr glatt	0[2]	0,5	0

[1] steht die Fuge senkrecht zur Fugenfläche unter Zug, dann ist c = 0 (Ausnahme: verzahnte Fuge)
[2] höhere Beiwerte müssen durch entsprechende Nachweise begründet sein

$v_{Rdj,s} = \rho \cdot f_{yd} \cdot (1,2\mu \cdot \sin\alpha + \cos\alpha)$

mit
    ρ A_s / A_i
    A_s Querschnitt der die Fuge kreuzenden Bewehrung mit beidseitig ausreichender Verankerung einschließlich vorhandener Querbewehrung
    A_i Fläche der schubübertragenden Fuge
    f_{yd} Bemessungswert der Betonstahlstreckgrenze der die Fuge kreuzenden Bewehrung
    α Neigungswinkel der die Fuge kreuzenden Bewehrung $45° \leq \alpha \leq 90°$

$v_{Rdj,max} = 0,5 \cdot v \cdot f_{cd}$

mit
    v   Festigkeitsabminderungsbeiwert für die Fugenrauigkeit (siehe Tabelle)

7.4 BERECHNUNG DES BEWEHRUNGSQUERSCHNITTS a_{sj}

Berechnung des Bewehrungsquerschnitts a_{sj}:

$$a_{sj} = \left(\frac{F_{cdj}}{F_{cd}} \cdot \frac{V_{Ed}}{z} - (c_j \cdot f_{ctd} + \mu \cdot \sigma_n) \cdot b\right) / \left(f_{yd}(1{,}2\mu \cdot \sin\alpha + \cos\alpha)\right)$$

Vereinfachte Berechnung von a_{sj}:

$$a_{sj} = \frac{V_{Ed}/z - 0{,}2 \cdot b}{0{,}72\, f_{yd}} \cdot 10^4 \text{ (glatt)} \qquad a_{sj} = \frac{V_{Ed}/z - 0{,}41 \cdot b}{0{,}84\, f_{yd}} \cdot 10^4 \text{ (rau)}$$

Querkraft	V in MN
Abmessungen	b, z in m
Streckgrenze	f_{yd} in N/mm²
B500A/B	$f_{yd} = 435$ N/mm²

mit
- Betongüte C25/30 oder höher
- Vernachlässigung von σ_n infolge äußerer Lasten
- Anschluss der gesamten Druckgurtkraft: $F_{cdj} = F_{cd}$
- Neigung der die Fuge kreuzenden Bewehrung: $\alpha = 90°$

7.5 KONSTRUKTIONSREGELN

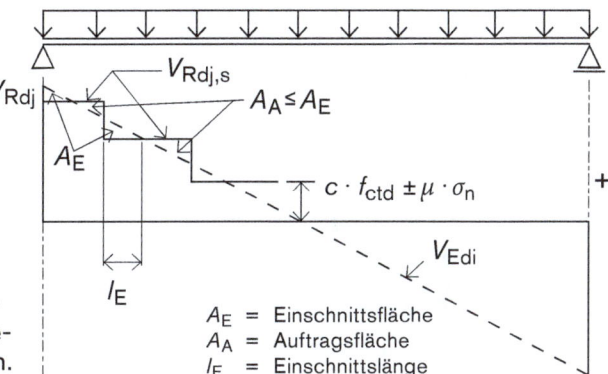

- Bei biegebeanspruchten Bauteilen darf die Fugenverbundbewehrung wie rechts abgebildet abgestuft werden.
- Wenn der Verbund durch geneigte Bewehrung (wie z.B. Gitterträger) sichergestellt wird, darf für den Tragteil der Bewehrung an v_{Rdj} die Resultierende der diagonalen Einzelstäbe mit $45° \leq \alpha \leq 135°$ angesetzt werden.
- Die Schubtragfähigkeit in Längsrichtung von vergossenen Fugen zwischen Decken und Wandelementen darf nach Abschnitt 7.3 bestimmt werden.
- Die Verbundbewehrung darf als Querkraftbewehrung angerechnet werden, wenn diese als Schubbewehrung ausgeführt wird.
- Die Schubbewehrung der Fuge muss auf beiden Seiten der Kontaktfläche verankert sein.
- Bei dynamischer oder Ermüdungsbeanspruchung ist der Adhäsionsanteil $c = 0$ zu setzen (NCI zu 6.2.5 (5)).
- Für die Verbundbewehrung bei Ortbetonergänzungen sollten die Konstruktionsregeln für die Querkraftbewehrung eingehalten werden.
- Für die Verbundbewehrung bei Ortbetonergänzungen in Platten ohne rechnerisch erforderliche Querkraftbewehrung dürfen für die maximale Abstände der Verbundbewehrung nachfolgende Konstruktionsregeln angewendet werden: $2{,}5h \leq 300$ mm in Spannrichtung, $5{,}0h \leq 750$ mm quer zur Spannrichtung (≤ 375 mm zum Rand).
- Für aufgebogene Längsstäbe mit angeschweißter Verankerung darf für den Abstand in Längsrichtung $(\cot\theta + \cot\alpha)\, z \leq 200$ mm gewählt werden, wenn die Plattendicke $h \leq 200$ mm beträgt.
- Quer zur Spannrichtung beträgt in Bauteilen mit erforderlicher Querkraftbewehrung der maximale Abstand 400 mm für Deckendicken bis 400 mm. Für größere Deckendicken ist NCI zu 9.3.2 (4) zu beachten.
- Bei überwiegend auf Biegung beanspruchten Bauteilen mit Fugen rechtwinklig zur Systemachse wirkt die Fuge wie ein Biegeriss. In diesem Fall sind die Fugen rau oder verzahnt auszuführen und der Nachweis entsprechend DIN EN 1992-1-1, 6.2.2 bzw. 6.2.3 und dem NCI zu 6.2.5 geführt werden.

8 BEMESSUNG FÜR TORSION (DIN EN 1992-1-1, 6.3)
8.1 ALLGEMEINES, NACHWEISE

Eine Bemessung für Torsion ist durchzuführen, wenn sie zur Einhaltung des Gleichgewichts erforderlich ist. Eine Verträglichkeitstorsion muss rechnerisch nicht erfasst werden, gleichwohl sollte hierfür eine konstruktive Bewehrung angeordnet werden, um eine übermäßige Rissbildung zu vermeiden.

Keine Querkraft- und Torsionsbewehrung erforderlich, wenn:

$$T_{Ed} \leq \frac{V_{Ed} \cdot b_w}{4{,}5} \quad \text{und} \quad V_{Ed} \cdot \left(1 + \frac{4{,}5 \cdot T_{Ed}}{V_{Ed} \cdot b_w}\right) \leq V_{Rd,ct}$$

Schubkraft $V_{Ed,i}$ infolge eines Torsionsmoments T_{Ed}:

$$V_{Ed,i} \leq \frac{T_{Ed} \cdot z}{2 A_k}$$

Schubkraft $V_{Ed,T+V}$ infolge Querkraft und Torsion:

$$V_{Ed,T+V} = V_{Ed,T} + \frac{V_{Ed} \cdot t_{ef,i}}{b_w}$$

mit
T_{Ed} Bemessungswert des einwirkenden Torsionsmoments
V_{Ed} Bemessungswert der einwirkenden Querkraft
$V_{Rd,c}$ Bemessungswert der aufnehmbaren Querkraft eines Bauteils ohne Querkraftbewehrung (siehe 7.3.1)
b_w Stegbreite
A_k durch die Bewehrungsschwerelinie eingeschlossene Fläche; die Bewehrungsschwerelinien sind durch die Achsen der Längsstäbe in den Ecken definiert
z Höhe einer Wand, definiert durch den Abstand der Schnittpunkte der Wandmittellinie mit den Mittellinien der angrenzenden Wände
$t_{ef,i}$ effektive Dicke einer Wand; gleich dem doppelten Abstand der Bewehrungsschwerelinie zur Außenfläche

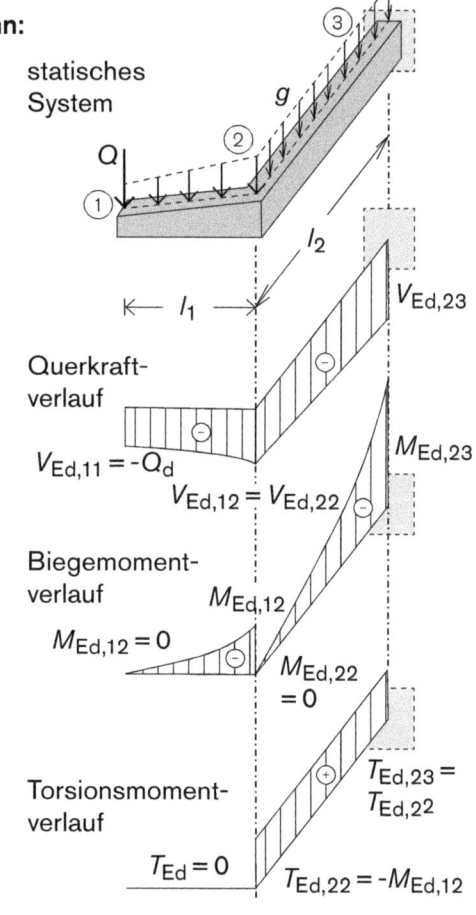

8.2 ERFORDERLICHE TORSIONSBEWEHRUNG

Bügelbewehrung:
$$a_{sw} = \frac{A_{sw}}{s_w} = \frac{T_{Ed}}{2A_k} \cdot \tan\theta \cdot \frac{1}{f_{yd}}$$

Längsbewehrung:
$$a_{sl} = \frac{A_{sl}}{u_k} = \frac{T_{Ed}}{2A_k} \cdot \cot\theta \cdot \frac{1}{f_{yd}}$$

mit
- u_k Umfang der Fläche A_k
- T_{Ed} einwirkenden Torsionsmoment
- s_w Abstand der Bügel
- f_{yd} Bemessungswert der Streckgrenze des Betonstahls
- θ Ermittlung der Mindestdruckstrebenneigung min. θ nach 5.5. Für Torsions- und Querkrafteinwirkung ist dabei für V_{Ed}: $V_{Ed,T+V} = V_{Ed,T} + V_{Ed} \cdot (t_{ef,i} / b_w)$ und für $b_w = t_{ef,i}$ einzusetzen; vereinfachend darf die Bewehrung für Torsion allein für $\theta = 45°$ ermittelt und zu der nach 5.5 ermittelten Querkraftbewehrung addiert werden.

8.3 MAXIMAL AUFNEHMBARE TORSIONSMOMENTE

Bemessungswert des maximal aufnehmbaren Torsionsmoments $T_{Rd,max}$:

$$T_{Rd,max} = 2 \cdot v \cdot f_{cd} \cdot A_k \cdot t_{ef,i} \cdot \sin\theta \cdot \cos\theta$$

mit
v $= 0{,}525$ $\leq$ C50/55
      $= 0{,}525 \cdot (1{,}1 - f_{ck}/500) \geq$ C55/67

Bei gleichzeitig auftretender Torsions- und Querkrafteinwirkung sind, um die maximale Tragfähigkeit nicht zu überschreiten, folgende Bedingungen einzuhalten:

für Kompaktquerschnitte:
$$\left(\frac{T_{Ed}}{T_{Rd,max}}\right)^2 + \left(\frac{V_{Ed}}{V_{Rd,max}}\right)^2 \leq 1$$

für sonstige Querschnitte:
$$\frac{T_{Ed}}{T_{Rd,max}} + \frac{V_{Ed}}{V_{Rd,max}} \leq 1$$

mit $V_{Rd,max}$ Bemessungswert der aufnehmbaren Querkraft. Bei Kastenquerschnitten (Bewehrung an der Innen- und Außenseite) darf dieser Wert mit $v = 0{,}75$ berechnet werden.

9 BEMESSUNG FÜR DURCHSTANZEN
9.1 BEZEICHNUNGEN UND NACHWEISSCHNITTE

Die Durchstanznachweise gelten für:
- Platten
- Fundamente
- Rippendecken mit Vollquerschnitt im Bereich der Lasteinleitungsfläche (z.B. über der Stützung)

Die Regelungen gelten für folgende **Lasteinleitungsflächen A_{load}:** bei kreisförmigen und rechteckigen Querschnitten:

$u_0 \leq 12 \cdot d$

$a/b \leq 2{,}0$

mit d mittlere Nutzhöhe
  c Durchmesser der Lasteinleitungsfläche
  a, b Seitenlängen

Die **kritische Fläche A_{cont}** ist die Fläche innerhalb des kritischen Rundschnittes u_1 und umgibt die Lasteinleitungsfläche A_{load} in einem Abstand von $2{,}0 \cdot d$.

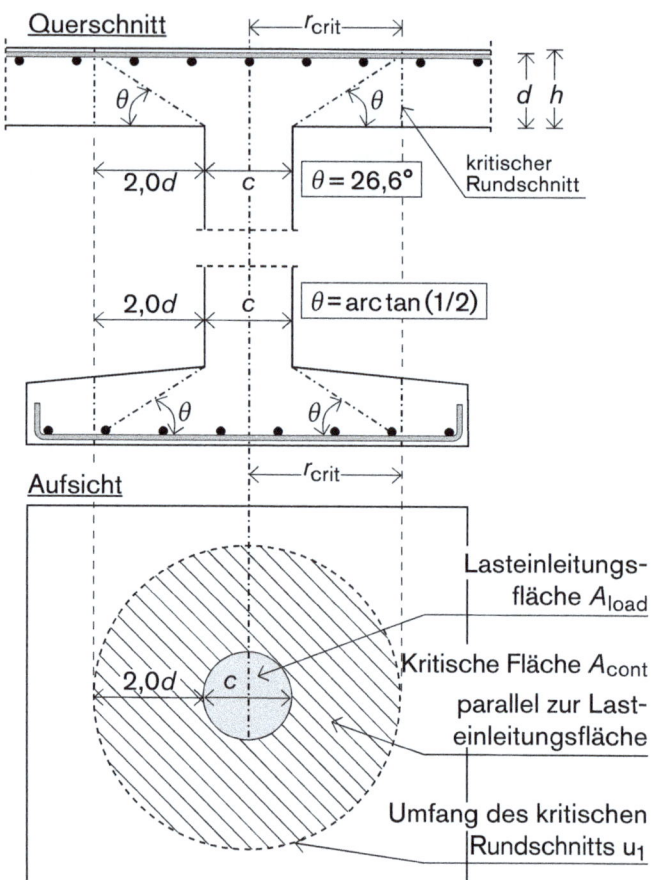

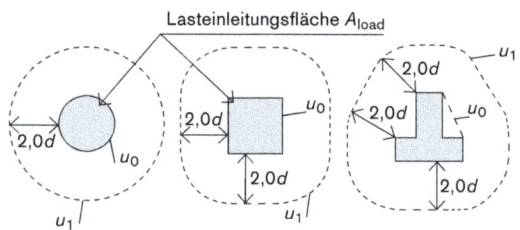

9.2 STÜTZEN MIT ABGESTUFTEN ODER SCHRÄGEN STÜTZEN-KOPFVERSTÄRKUNGEN

9.2.1 $l_H \leq 1{,}5* \cdot h_H$: NACHWEIS NUR IM KRITISCHEN RUNDSCHNITT AUSSERHALB DER VERSTÄRKUNG

Lasteinleitungsfläche ist die Fläche der Stützenkopfverstärkung

Rundstützen:
$r_{cont} = 2{,}0 \cdot d + l_H + 0{,}5 \cdot c$

Rechteckstützen:
$r_{cont} = 2{,}0 \cdot d + 0{,}56 \cdot \sqrt{l_1 \cdot l_2}$
$r_{cont} = 2{,}0 \cdot d + 0{,}69 \cdot l_1$
kleineres r_{cont} maßgebend

mit l_H Abstand zwischen Stützenrand und Rand der Stützenkopfverstärkung
      c Durchmesser einer runden Stütze
      l_1, l_2 Seiten einer rechteckigen Stütze ($l_1 \leq l_2$)

* vgl. DIN EN 1992-1-1 / NA, NCI zu 6.4.2 (8)

9.2.2 $l_H \geq 2{,}0 \cdot h_H$: NACHWEIS IN KRITISCHEN RUNDSCHNITTEN AUSSER- UND INNERHALB DER VERSTÄRKUNG

Innerhalb:
$r_{cont,int} = 2{,}0 \cdot (d + h_H) + 0{,}5 \cdot c$
Die Lasteinleitungsfläche A_{load} ist die Fläche der Stütze

Außerhalb:
$r_{cont,ext} = 2{,}0 \cdot d + l_H + 0{,}5 \cdot c$
Die Lasteinleitungsfläche A_{load} ist die Fläche der Stützenkopfverstärkung.

mit l_H Abstand Stützenrand vom Rand der Stützenkopfverstärkung
      c Durchmesser einer runden Stütze

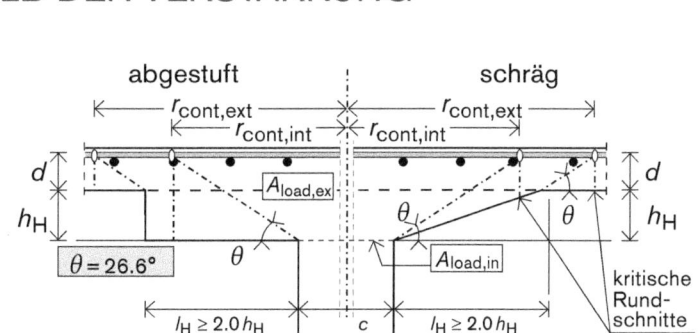

9.2.3 $1{,}5 \cdot h_H < l_H < 2{,}0 \cdot h_H$: NACHWEIS IN KRITISCHEN RUNDSCHNITTEN AUßER- UND INNERHALB DER VERSTÄRKUNG

Es ist zusätzlich zu den Nachweisen nach 9.2.1 ein weiterer Nachweis im Abstand $1{,}5 \cdot (d + h_H)$ vom Stützenrand zu führen. Der Durchstanzwiderstand ohne Durchstanzbewehrung $v_{Rd,c}$ darf hierbei erhöht werden im Verhältnis der Rundschnittlängen $u_{2,0d} / u_{1,5d}$.

9.3 BEMESSUNGSWERT DER EINWIRKENDEN QUERKRAFT v_{Ed} JE LÄNGENEINHEIT IM MAßGEBENDEN RUNDSCHNITT

Die **maßgebende Querkraft v_{Ed}** je Flächeneinheit im maßgebenden Rundschnitt beträgt:

$$v_{Ed} = \frac{\beta \cdot V_{Ed}}{u_i \cdot d}$$

mit d mittlere Nutzhöhe der Platte
$d = (d_y + d_z)/2$
u_i Umfang des maßgebenden Rundschnitts
β Beiwert zur Berücksichtigung der Auswirkung von Momenten in der Lasteinleitungsfläche

   = 1,5   bei Eckstützen   (1)
   = 1,4   bei Randstützen   (2)
   = 1,1   bei Innenstützen   (3)
   = 1,35 bei Wandenden   (4)
   = 1,2   bei einspringenden Wandecken   (5)

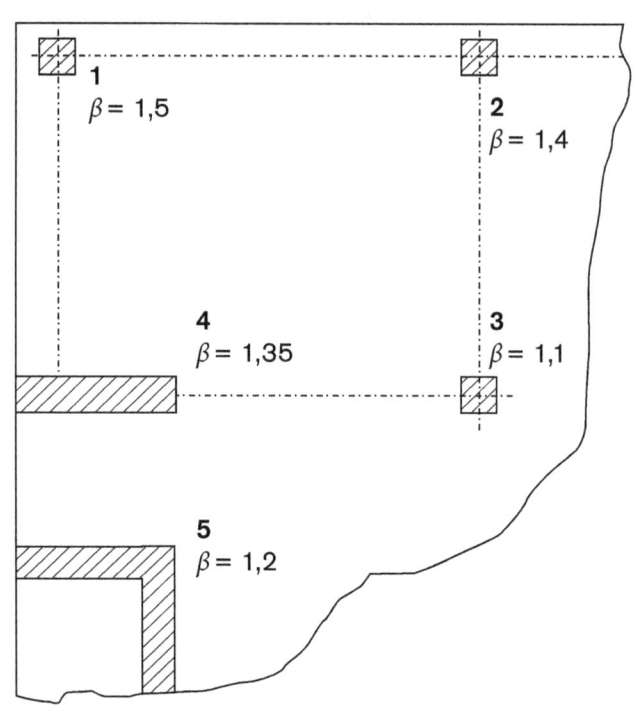

1 $\beta = 1{,}5$
2 $\beta = 1{,}4$
3 $\beta = 1{,}1$
4 $\beta = 1{,}35$
5 $\beta = 1{,}2$

Keine Reduktion von v_{Ed} infolge auflagernaher Einzellasten!

Bei Fundamentplatten ist die Reduktion von v_{Ed} infolge günstig wirkender Bodenpressung möglich:

$v_{Ed,red} = v_{Ed} - \Delta v_{Ed}$

mit Δv_{Ed} Resultierender Sohldruck im betrachteten Rundschnitt abzüglich der Fundamenteigenlast

Die Querkraftkomponente geneigter Spannglieder v_{pd} darf als günstige Einwirkung berücksichtigt werden.

Beiwerte β für unverschiebliche Systeme mit einem Stützweitenverhältnis von $0{,}8 < l_y / l_z < 1{,}25$.

Andere Werte für β nach DIN EN 1992-1-1 Gl (6.39).

9.4 BEMESSUNGSWERT DER AUFNEHMBAREN QUERKRAFT $v_{Rd,i}$ JE LÄNGENEINHEIT

Bemessungswerte einer Platte bei unterschiedlichen Versagensmechanismen:

$v_{Rd,c}$ Durchstanzwiderstand **ohne Querkraftbewehrung** längs des kritischen Rundschnitts

$v_{Rd,cs}$ Durchstanzwiderstand längs innerer Rundschnitte bei Versagen der Durchstanzbewehrung

$v_{Rd,max}$ maximaler Durchstanzwiderstand längs des kritischen Rundschnitts bei Erreichen der Druckstrebenfestigkeit

9.5 NACHWEISBEDINGUNGEN

$v_{Ed} \leq v_{Rd,c}$ keine Durchstanzbewehrung erforderlich

$v_{Ed} > v_{Rd,c}$ Durchstanzbewehrung erforderlich mit $v_{Ed} \leq v_{Rd,sy}$

$v_{Ed} \leq v_{Rd,max}$ Querkrafttragfähigkeit längs des kritischen Rundschnitts bei Erreichen der Druckstrebenfestigkeit darf nicht überschritten werden, wenn $v_{Ed} > v_{Rd,c}$.

9.6 PLATTEN ODER FUNDAMENTE **OHNE** DURCHSTANZBEWEHRUNG: $v_{Ed} \leq v_{Rd,c}$

9.6.1 NACHWEIS: $v_{Ed} \leq v_{Rd,c}$

Betontraganteil $v_{Rd,c}$ für Platten:

$v_{Rd,c} = C_{Rd,c} \cdot k \cdot (100 \cdot \rho_l \cdot f_{ck})^{1/3} + 0{,}1 \cdot \sigma_{cp} \geq v_{min} + 0{,}1 \cdot \sigma_{cp}$

Betontraganteil $v_{Rd,c}$ für Fundamente:

$v_{Rd,c} = C_{Rd,c} \cdot k \cdot (100 \cdot \rho_l \cdot f_{ck})^{1/3} \cdot 2 \cdot d/a \geq v_{min} \cdot 2 \cdot d/a$

mit $C_{Rd,c}$ bei Flachdecken und Bodenplatten: $C_{Rd,c} = 0{,}18 / \gamma_c$

für Innenstützen bei Flachdecken mit $u_0/d < 4$: $C_{Rd,c} = 0{,}18 / \gamma_c \cdot (0{,}1 \cdot u_0/d + 0{,}6)$

bei Fundamenten: $C_{Rd,c} = 0{,}15 / \gamma_c$

k $= 1 + \sqrt{200/d} \leq 2{,}0$; d ist in mm einzusetzen; Beiwert für den Einfluss der Bauteilhöhe

d mittlere Nutzhöhe $= (d_y + d_z)/2$ mit d_y, d_z Nutzhöhen der Platte in y- bzw. z-Richtung

ρ_l $= \sqrt{\rho_{ly} \cdot \rho_{lz}}$; Längsbewehrungsgrad $\rho_l \leq 0{,}50 \cdot \dfrac{f_{cd}}{f_{cd}}$ und $\rho_l \leq 0{,}02$

ρ_{ly}, ρ_{lz} mittlere Bewehrungsgrade der Biegezugbewehrung in y- und z-Richtung, unter Berücksichtigung der Plattenbreite entsprechend der Stützenabmessung zuzüglich $3 \cdot d$ und außerhalb verankert ist.

σ_{cp} $= \dfrac{\sigma_{cy} + \sigma_{cz}}{2}$ [N/mm²]; Betonnormalspannung innerhalb des kritischen Rundschnitts (Druck positiv)

σ_{cy} $= N_{Ed,y}/A_{cy}$ [N/mm²]; Betonnormalspannungen in y-Richtung

σ_{cz} $= N_{Ed,z}/A_{cz}$ [N/mm²]; Betonnormalspannungen in z-Richtung

$N_{Ed,y}, N_{Ed,z}$ mittlere Längskraft infolge äußerer Einwirkung oder Vorspannung

v_{min} $= 0{,}035 \cdot k^{3/2} \cdot f_{ck}^{1/2}$ für $d \leq 600$ mm

$= 0{,}025 \cdot k^{3/2} \cdot f_{ck}^{1/2}$ für $d > 800$ mm

(Zwischenwerte interpolieren, vgl. DIN EN 1992-1-1/NA NDP Zu 6.2.2 (2) Glg. (NA.6.3a und NA.6.3b))

9.7 PLATTEN UND FUNDAMENTE MIT DURCHSTANZBEWEHRUNG: $v_{Rd,c} < v_{Ed}$

9.7.1 NACHWEIS: $v_{Rd,cs} \geq v_{Ed}$

Platten

$$v_{Rd,cs} = 0{,}75 \cdot v_{Rd,c} + \frac{1{,}5 \, (d/s_r) \cdot A_{sw} \cdot f_{ywd,ef}}{u_1 \cdot d} \cdot \sin\alpha \quad \text{in [N/mm}^2\text{]}$$

umgestellt auf 90°-Bügel folgt:

$$A_{sw,j} = \kappa_{sw,j} \cdot (v_{Ed} - 0{,}75 \, v_{Rd,c}) \cdot \frac{s_r \cdot u_1}{1{,}5 \cdot f_{ywd,ef}}$$

mit
- $v_{Rd,c}$ Betontraganteil des unbewehrten Betons nach Abschnitt 9.6
- $A_{sw,i}$ Querschnittsfläche der Durchstanzbewehrung der Reihe i in [mm²]
- κ_i Erhöhungsfaktor der Bewehrung nach Tabelle auf der nächste Seite
- $f_{ywd,ef}$ der wirksame Bemessungswert der Streckgrenze der Durchstanzbewehrung
  $= 250 + 0{,}25 \cdot d \leq f_{ywd}$ in [N/mm²]
- f_{ywd} Bemessungswert der Streckgrenze der Querkraftbewehrung mit $f_{ywd} = f_{yk}/\gamma_s$
- d mittlere statische Nutzhöhe   in [mm]
- u_1 Umfang des Rundschnitts $a = a_{cont} = 2{,}0 \cdot d$ in [mm]
- s_r der radiale Abstand der Durchstanzbewehrungsreihen   in [mm]
- α der Winkel zwischen Durchstanzbewehrung und Plattenebene
  ($45° \leq \alpha \leq 60°$ bzw. 90°)

Diese Durchstanzbewehrung ist in jeder rechnerisch erforderlichen Bewehrungsreihe einzulegen, wobei die Bewehrungsmenge A_{sw} in den ersten beiden Reihen neben A_{load} mit einem Anpassungsfaktor $\kappa_{sw,i}$ zu vergrößern ist:

Reihe 1 (mit $0{,}3\,d \leq s_0 \leq 0{,}5\,d$): $\kappa_{sw,1} = 2{,}5$
Reihe 2 (mit $s_r \leq 0{,}75\,d$): $\kappa_{sw,2} = 1{,}4$
ab Reihe 3: $\kappa_{sw,3+} = 1{,}0$

Bei unterschiedlichen radialen Abständen der Bewehrungsreihen $s_{r,i}$ ist in obiger Gleichung der maximale Wert einzusetzen.

    Besteht die Durchstanzbewehrung nur aus Schrägstäben, so dürfen diese nur im Bereich des kritischen Rundschnitts angeordnet werden. Die Aufbiegung muss in einem Abstand $\leq 0{,}3 \cdot d$ vom Stützenrand beginnen und darf nicht weiter als $1{,}0 \cdot d$ vom Stützenrand enden (vgl. DAfStb Heft 600, Bild H6-47).

    Bei einer Reihe aufgebogener Stäbe ist für das Verhältnis d/s_r der Wert 0,53 anzusetzen (NCI zu 6.4.5 (1)). Die aufgebogene Bewehrung darf mit $f_{ywd,ef} = f_{ywd}$ ausgenutzt werden.

Achtung: bei Bügeln sind mindestens zwei Bügelreihen anzuordnen!

Festlegung für Fundamente und Bodenplatten: Die reduzierte einwirkende Querkraft $V_{Ed,red}$ nach Gleichung (6.48) ist von den ersten beiden Bewehrungsreihen neben A_{load} ohne Abzug eines Betontraganteils aufzunehmen. Dabei wird die Bewehrungsmenge $A_{sw,1+2}$ gleichmäßig auf beide Reihen verteilt, die in den Abständen $s_0 = 0{,}3\,d$ und $(s_0 + s_1) = 0{,}8\,d$ anzuordnen sind:

Bügelbewehrung:

$\beta \cdot V_{Ed,red} \leq V_{Rd,s} = A_{sw,1+2} \cdot f_{ywd,ef}$

→ erf $A_{sw,1+2} = \beta \cdot V_{Ed,red}/f_{ywd,ef}$

aufgebogene Bewehrung:

$\beta \cdot V_{Ed,red} \leq V_{Rd,s} = 1{,}3 \cdot A_{sw,1+2} \cdot f_{ywd} \cdot \sin\alpha$

→ erf $A_{sw,1+2} = \beta \cdot V_{Ed,red}/(1{,}3 \cdot f_{ywd} \cdot \sin\alpha)$

mit
$V_{Ed,red}$ = $V_{Ed} - \Delta V_{Ed}$, dabei ist ΔV_{Ed} der Abzugswert des Sohldrucks innerhalb der betrachteten Bewehrungsreihe

$A_{sw,1}$ Bewehrungsmenge der ersten (innersten) Bewehrungsreihe

$A_{sw,2}$ Bewehrungsmenge der zweiten Bewehrungsreihe

β Erhöhungsfaktor der Querkraft nach Abschnitt 9.3

α Winkel der geneigten Durchstanzbewehrung zur Plattenebene

Wenn bei Fundamenten und Bodenplatten ggf. weitere Bewehrungsreihen erforderlich werden, sind je Reihe jeweils 33 % der Bewehrung $A_{sw,1+2}$ vorzusehen. Der Abzugswert des Sohldrucks ΔV_{Ed} darf dabei mit der Fundamentfläche innerhalb der betrachteten Bewehrungsreihe angesetzt werden.

Bewehrungsreihe i	Abstand a_i vom Stützenrand	Durchstanzbewehrung $A_{sw,i}$
1	$0{,}3 \cdot d$	$0{,}5 \cdot A_{sw,1+2}$
2	$0{,}8 \cdot d$	$0{,}5 \cdot A_{sw,1+2}$
3 bis max	$0{,}3 \cdot d + 0{,}5 \cdot d\,(i-1)$	$0{,}33 \cdot A_{sw,1+2}$

9.7.2 NACHWEIS DER QUERTRAGFÄHIGKEIT AM ÄUSSEREN RUNDSCHNITT u_{out}

Die äußerste Bewehrungsreihe mit A_{sw} nach 9.7.1 darf maximal im Abstand von $1{,}5 \cdot d$ von dem äußeren Rundschnitt u_{out} liegen (in Richtung der Stütze), mit $u_{out} = \beta \cdot v_{Ed}/(v_{Rd,c} \cdot d)$

9.7.3 NACHWEIS AM KRITISCHEN RUNDSCHNITT: $v_{Ed,u1} \leq v_{Rd,max}$

Maximale Querkrafttragfähigkeit bei Erreichen der Druckstrebenfestigkeit

$v_{Ed,u1} \leq v_{Rd,max} = 1{,}4 \cdot v_{Rd,c,u1}$

mit $v_{Rd,c}$ Querkrafttragfähigkeit ohne Durchstanzbewehrung im kritischen Rundschnitt. Eine Betondrucknormalspannung σ_{cp} infolge Vorspannung bei $v_{Rd,c}$ darf nicht berücksichtigt werden.

9.7.4 MINDESTMOMENTE

Siehe DIN EN 1992-1-1/NA, NCI zu 6.4.5 (NA.6) und Tabelle NA.6.1.1

INSTITUT FÜR
STAHLBETONBEWEHRUNG E.V.

BEWEHREN VON STAHLBETONTRAGWERKEN
nach DIN EN 1992-1-1 mit Nationalem Anhang

Stand 06/19

Arbeitsblatt 5
NACHWEIS DER GEBRAUCHSTAUGLICHKEIT

1 ALLGEMEINES

Um ein nutzungsgerechtes und dauerhaftes Verhalten eines Bauwerks zu gewährleisten, sind im Grenzzustand der Gebrauchstauglichkeit folgende Nachweise zu führen:

- Spannungsbegrenzung • Begrenzung der Rissbreiten • Begrenzung der Verformungen, z.B. Durchbiegung

Bei bestehenden Tragwerken können weitere Grenzzustände von Bedeutung sein. Diese werden hier jedoch nicht weiter behandelt.

2 BEGRENZUNG DER SPANNUNGEN

Bei nicht vorgespannten Bauteilen können die Spannungsnachweise für Beton und Betonstahl entfallen, sofern:

- bei der Schnittgrößenermittlung im Grenzzustand der Tragfähigkeit eine Momentenumlagerung angesetzt wurde, die nicht größer als 15 % ist ($\delta \geq 0{,}85$).
- die bauliche Durchbildung – insbesondere die Mindestbewehrung – nach DIN EN 1992-1-1, Abschnitt 9 erfolgt.

2.1 SPANNUNGSNACHWEISE (DIN EN 1992-1-1, 7.2)

Nachweisbedingung	Zur Vermeidung von	Einwirkungskombination	Anmerkung
Betondruckspannung			
$\|\sigma_c\| \leq 0{,}6 \cdot f_{ck}$	Längsrissen und Mikrorissen bei randnaher Bewehrung	selten	Gilt für Umgebungsklassen XD, XF, XS und wenn keine anderen Maßnahmen getroffen werden[1]
$\|\sigma_c\| \leq 0{,}45 \cdot f_{ck}$	überproportionalen Kriechverformungen	quasi-ständig	Übersteigt $\|\sigma_c\|$ den Grenzwert $0{,}45 \cdot f_{ck}$ so ist nicht-lineares zu berücksichtigen (nach EC 2-1-1, 3.1.4)
Betonstahlspannung			
$\sigma_s \leq 0{,}8 \cdot f_{yk}$	nicht-elastischen Verformungen	selten	Infolge Last- bzw. Last- und Zwangseinwirkung
$\sigma_s \leq 1{,}0 \cdot f_{yk}$			Infolge ausschließlich Zwangeinwirkung

[1] Andere Maßnahmen sind z. B. eine Erhöhung der Betondeckung in der Biegedruckzone oder eine Umschnürung der Druckzone durch Querbewehrung.

3 BEGRENZUNG DER RISSBREITE (DIN EN 1992-1-1, 7.3)

Die Anforderungen an die Dauerhaftigkeit und das Erscheinungsbild üblicher Stahlbetonbauteile gelten als erfüllt, wenn die Rechenwerte der Rissbreite w_k nicht überschritten werden.
Die Begrenzung der Rissbreite umfasst die Nachweise:
- Nachweis der Mindestbewehrung
- Nachweis der Begrenzung des Rissbreite unter der maßgebenden Einwirkungskombination

3.1 RECHENWERTE DER RISSBREITE w_k BEI STAHLBETONBAUTEILEN

Expositionsklasse für Bewehrungskorrosion	Einwirkungskombination	Rechenwert der Rissbreite[1] w_k [mm]
X0, XC1	quasi-ständig	0,4 [2]
XC2, XC3, XC4, XD1, XD2, XD3[3], XS1, XS2, XS3		0,3

[1] Für Bauteile mit besonderen Anforderungen (z. B. Wasserbehälter) können kleinere Rechenwerte der Rissbreite erforderlich sein.
[2] Bei den Expositionsklassen X0 und XC 1 hat die Rissbreite keinen Einfluss auf die Dauerhaftigkeit. Dieser Grenzwert wird daher nur zur Wahrung eines akzeptablen Erscheinungsbildes gesetzt. Bestehen an dem Erscheinungsbild dagegen keine besonderen Anforderungen kann der Genzwert erhöht werden.
[3] Zusätzliche besondere Maßnahmen für den Korrosionsschutz können im Einzelfall erforderlich sein.

3.2 MINDESTBEWEHRUNG ZUR BEGRENZUNG DER RISSBREITE

Zur Begrenzung der Rissweite ist eine Mindestbewehrung in der Zugzone erforderlich. Soll ein geringerer Bewehrungsquerschnitt als die Mindestbewehrung eingesetzt werden, ist eine genauere Bemessung erforderlich.
- Bei profilierten Querschnitten ist A_s für jeden Teilquerschnitt (Gurte, Stege) nachzuweisen.
- A_s ist in der Zugzone überwiegend am Querschnittsrand anzuordnen;
  zur Vermeidung von Sammelrissen ist ein angemessener Teil von A_s über die Zugzone zu verteilen.

$$A_{s,min} = k_c \cdot k \cdot f_{ct,eff} \cdot \frac{A_{ct}}{\sigma_s}$$

mit σ_s zulässige Betonstahlspannung zur Begrenzung der Rissbildung, abhängig von Grenzdurchmesser der Stäbe bzw. dem Höchstwert der Stababstände

A_{ct} Fläche der Betonzugzone im ungerissenen Querschnitt

$f_{ct,eff}$ wirksame Betonzugfestigkeit zum Risszeitpunkt (Mittelwert)
Empfehlung: $f_{ct,eff}$ = 3,0 N/mm² nur für die Ermittlung der Mindestbewehrung anwenden. Für die Rissweitenberechnung ist ggf. eine niedrigere Betonzugfestigkeit anzusetzen, da diese hier günstig wirkt (siehe Erläuterungen zu DIN EN 1992-1-1).

k Beiwert zur Berücksichtigung nicht-linear verteilter Betonzugspannungen
  a) bei Zugspannungen infolge innerem Zwang (z. B. Abfließen der Hydratationswärme; Zwischenwerte interpolieren):
  = 0,8   für Querschnitte mit $h \leq 300$ mm   = 0,5   für Querschnitte mit $h \geq 800$ mm
  für h ist der kleiner Wert von Höhe oder Breite des (Teil-) Querschnitts einzusetzen
  b) bei Zugspannungen infolge äußerem Zwang (z. B. Stützensenkung)
  = 1,0

k_c Beiwert zur Berücksichtigung der Spannungsverteilung und der Änderung des inneren Hebelarms z beim Übergang von Zustand I in Zustand II
- bei reinem Zug: $= 1,0$
- bei Biegung mit/ohne Normalkraft:
  - rechteckige Querschnitte und Stege von Plattenbalken und Hohlkästen:
  $$= 0,4 \cdot \left[1 - \frac{\sigma_c}{k_1 (h/h') \cdot f_{ct,eff}}\right] \leq 1,0$$
  - Gurte von Plattenbalken und Hohlkästen:
  $$= 0,9 \cdot \frac{F_{cr}}{A_{ct} \cdot f_{ct,eff}} \geq 0,5$$

F_{cr} Zugkraft im Zuggurt von gegliederten Querschnitten im Zustand I unmittelbar vor der Rissbildung mit der Randspannung $f_{ct,eff}$

σ_c Betonspannung in Höhe der Schwerlinie des Querschnitts im Zustand I ($\sigma_c > 0$ bei Druck)
  $= N_{Ed}/(b \cdot h)$

k_1 $= 1,5$ für Drucknormalkraft $= (2h'/3h)$ für Zugnormalkraft
h Höhe des Querschnitts
h' $= h$ für $h < 1\,m$ $= 1\,m$ für $h \geq 1\,m$

3.3 NACHWEIS DER RISSBREITENBEGRENZUNG OHNE DIREKTE BERECHNUNG (DIN EN 1992-1-1, 7.3.3)

- Der Nachweis erfolgt bei der maßgebenden Stahlspannung über die Einhaltung maximaler Stabdurchmesser $\varnothing_s$ oder maximaler Stababstände
- Die maßgebenden Spannungen sind für den gerissenen Querschnitt und mit der maßgebenden Einwirkungskombination (siehe 3.1) zu ermitteln.
- Bei überwiegender Zwangbeanspruchung (indirekte Einwirkungen) erfolgt der Nachweis über die Grenzdurchmesser nach Tabelle 3.3, Spalten 2 bis 4 (DIN EN 1992-1-1/NA, Tabelle 7.2DE).
- Bei überwiegender Lastbeanspruchung (direkte Einwirkungen) erfolgt der Nachweis über die Grenzdurchmesser nach Tabelle 3.3, Spalten 2 bis 4 (DIN EN 1992-1-1/NA, Tabelle 7.2DE) oder über die Höchstwerte der Stababstände nach Tabelle 3.3, Spalten 5 bis 7 (DIN EN 1992-1-1/NA, Tabelle 7.3N).
- Der Grenzdurchmesser $\varnothing_s^*$ nach Tabelle 3.3, Spalten 2 bis 4 darf abhängig von der Bauteildicke und muss abhängig von der wirksamen Betonzugfestigkeit $f_{ct,eff}$ modifiziert werden.

Mindestbewehrung aus Biegung: | aus zentrischem Zug: | aus Lastbeanspruchung:

$$\varnothing_s = \varnothing_s^* \cdot \frac{k_c \cdot k \cdot h_{cr}}{4(h-d)} \cdot \frac{f_{ct,eff}}{2,9} \geq \varnothing_s^* \cdot \frac{f_{ct,eff}}{2,9} \quad \bigg| \quad \varnothing_s = \varnothing_s^* \cdot \frac{k_c \cdot k \cdot h_{cr}}{8(h-d)} \cdot \frac{f_{ct,eff}}{2,9} \geq \varnothing_s^* \cdot \frac{f_{ct,eff}}{2,9} \quad \bigg| \quad \varnothing_s = \varnothing_s^* \cdot \frac{\sigma_s \cdot A_s}{4(h-d) \cdot b \cdot 2,9} \geq \varnothing_s^* \cdot \frac{f_{ct,eff}}{2,9}$$

mit
- σ_s Stahlspannung im Zustand II
- h Höhe des Querschnitts
- d statische Nutzhöhe
- A_s Querschnittsfläche der Zugbewehrung
- $\varnothing_s^*$ Grenzdurchmesser nach Tabelle 3.3, Spalten 2, 3 und 4
  Abgeleitet wurde Tabelle 3.3 mit einer Betonzugfestigkeit von $2,9\,N/mm^2$
- $\varnothing_s$ modifizierter Grenzdurchmeser

TABELLE 3.3: BEGRENZUNG DER RISSBREITE OHNE RECHNERISCHEN NACHWEIS

	1	2	3	4	5	6	7
	Stahlspannung σ_s [N/mm²]	Theoretischer Grenzdurchmesser [1), 2), 3)] $\emptyset_s^*$ [4)] [mm] für Rechenwert der Rissbreite			Höchstwert der Stababstände [mm] für Rechenwert der Rissbreite		
1		$w_k = 0{,}4$ mm	$w_k = 0{,}3$ mm	$w_k = 0{,}2$ mm	$w_k = 0{,}4$ mm	$w_k = 0{,}3$ mm	$w_k = 0{,}2$ mm
2	160	54	41	27	300	300	200
3	200	35	26	17	300	250	150
4	240	24	18	12	250	200	100
5	280	18	13	9	200	150	50
6	320	14	10	7	150	100	-
7	360	11	8	5	100	50	-
8	400	9	7	4	-	-	-
9	450	7	5	3	-	-	-
		entspricht Tabelle NA.7.2 in DIN EN 1992-1-1/NA			entspricht Tabelle 7.3N in DIN EN 1992-1-1		

[1)] Bei unterschiedlichen Durchmessern im Querschnitt darf der Mittelwert $\emptyset_m = \Sigma \emptyset^2_i / \Sigma \emptyset_i$ angesetzt werden.
[2)] Bei Stabbündeln ist anstelle des Einzelstabdurchmessers der Vergleichsdurchmesser $\emptyset_n = \emptyset \cdot \sqrt{n}$ anzusetzen.
[3)] Bei Betonstahlmatten mit Doppelstäben darf der Durchmesser des Einzelstabes angesetzt werden.
[4)] Die Beziehung für die Grenzdurchmesser ist: $\emptyset_s^* = 3{,}48 \cdot 10^6 \cdot w_k / \sigma_s^2$

3.4 ERMITTLUNG DES RECHENWERTS DER RISSBREITE w_k (DIN EN 1992-1-1, 7.3.4)

$$w_k = (\varepsilon_{sm} - \varepsilon_{cm}) \cdot s_{r,max}$$

mit

$$\varepsilon_{sm} - \varepsilon_{cm} = \left[\sigma_s - k_t \cdot \frac{f_{ct,eff}}{\rho_{p,eff}} \cdot (1 + \alpha_e \cdot \rho_{p,eff})\right] \cdot \frac{1}{E_s} \geq 0{,}6 \cdot \frac{\sigma_s}{E_s}$$

$$s_{r,max} = \frac{\emptyset}{3{,}6 \cdot \rho_{p,eff}} \leq \frac{\sigma_s \cdot \emptyset}{3{,}6 \cdot f_{ct,eff}} \; ; \text{ bei Schrägrissen mit } \theta > 15°: s_{r,max} = 1 / \left[\frac{\cos\theta}{s_{r,max,y}} + \frac{\sin\theta}{s_{r,max,z}}\right]$$

$\varepsilon_{sm} - \varepsilon_{cm}$	Differenz der mittleren Dehnungen von Betonstahl ε_{sm} und Beton ε_{cm}
$s_{r,max}$	maximaler Rissabstand bei abgeschlossenem Rissbild
ε_s	Betonstahldehnung im Zustand II
σ_s	Betonstahlspannung im Zustand II
E_s	Elastizitätsmodul des Betonstahls
E_{cm}	mittlerer Elastizitätsmodul des Betons
$\emptyset$	Durchmesser des Betonstahls
$\rho_{p,eff}$	effektiver Bewehrungsgrad = $A_s/A_{c,eff}$ für Betonstahl
k_t	Faktor für die Lastdauer, i.d.R. 0,4 bei langfristiger bzw. 0,6 bei kurzzeitiger Belastung
α_e	Verhältnis E_s/E_{cm}
A_s	Querschnittsfläche der Zugbewehrung
$A_{c,eff}$	Wirkungsbereich der Zugbewehrung (DIN EN 1992-1-1, Bild 7.1)
$f_{ct,eff}$	wirksame Betonzugfestigkeit, = f_{ctm} der Betonfestigkeitsklasse bei Auftreten der Risse ≥ 3 N/mm², wenn Erstrissbildung nach 28 Tagen auftritt
θ	bei orthogonal bewehrten Bauteilen: Winkel zwischen Bewehrung in y-Richtung und Richtung der Hauptzugspannungen
$s_{r,max,y}, s_{r,max,z}$	maximale Rissabstände in y- und z-Richtung nach obiger Gleichung

4 BEGRENZUNG DER VERFORMUNG (DIN EN 1992-1-1, 7.4)

Durchhang: Vertikale Bauteilverformung bezogen auf die Verbindungslinie der Unterstützungspunkte
Durchbiegung: Vertikale Verformung bezogen auf die Systemlinie des Bauteils, d.h. bei Schalungsüberhöhung bezogen auf die überhöhte Lage

4.1 ZULÄSSIGE VERFORMUNG

Unter der quasi-ständigen Einwirkungskombination gilt: mit l_{eff} = Stützweite des Feldes

Durchhang $\leq l_{eff}/250$ (Kragträger: $\leq l_{eff,2}/100$ und $l_{eff,1}/250$)
Schalungsüberhöhung $\leq l_{eff}/250$
Durchbiegung nach Einbau angrenzender Bauteile $\leq l_{eff}/500$

4.2 VEREINFACHTER NACHWEIS OHNE BERECHNUNG DURCH BEGRENZUNG DER BIEGESCHLANKHEIT l/d

Bei Decken des üblichen Hochbaus ist nachzuweisen:

$$\frac{l}{d} \leq \alpha_l \, K \cdot \left[11 + 1{,}5 \sqrt{f_{ck}} \, \frac{\rho_0}{\rho} + 3{,}2 \sqrt{f_{ck}} \, (\frac{\rho_0}{\rho} -1)^{1{,}5} \right] \text{ wenn } \rho \leq \rho_0;$$

$$\frac{l}{d} \leq \alpha_l \, K \cdot \left[11 + 1{,}5 \sqrt{f_{ck}} \, \frac{\rho_0}{\rho - \rho'} + \frac{1}{12} \sqrt{f_{ck}} \, \frac{\rho'}{\rho_0} \right] \text{ wenn } \rho > \rho_0$$

mit $\frac{l}{d}$ Grenzwert der Biegeschlankheit

l Stützweite des statischen Systems

K Beiwert zur Berücksichtigung des statischen Systems nach Tabelle 4.2.1

α_l Reduktionsfaktor zur Berücksichtigung der erhöhten Anforderungen an die Begrenzung der Durchbiegung (z.B. zur Vermeidung von Rissen in Trennwänden:

    Balken und Platten mit $l_{eff} > 7{,}0$ m: $\alpha_l = 7{,}0 / l_{eff}$
    Flachdecken mit $l_{eff} > 8{,}5$ m: $\alpha_l = 8{,}5 / l_{eff}$
    ohne besondere Anforderungen: $\alpha_l = 1{,}0$

ρ_0 Referenzbewehrungsgrad = $10^{-3} \sqrt{(f_{ck})}$ mit f_{ck} in [N/mm²]

ρ erforderlicher Zugbewehrungsgrad infolge maximalen Bemessungsmoment

ρ' erforderlicher Druckbewehrungsgrad infolge maximalen Bemessungsmoment

Allgemeine Begrenzung der Biegeschlankheit (DIN EN 1992-1-1/NA, NCI Zu 7.4.2 (2)):

Normale Anforderungen an die Begrenzung der Durchbiegung $\frac{l}{d} \leq K \cdot 35$

Höhere Anforderungen an die Begrenzung der Durchbiegung
(z.B. zur Vermeidung von Rissen in Trennwänden) $\frac{l}{d} \leq K^2 \cdot \frac{150}{l}$

4.2.1 GRUNDWERTE ZUR BESTIMMUNG DER ZULÄSSIGEN BIEGESCHLANKHEIT

	Statisches System				$K = l/l_{eff}$	Beton **hoch** beansprucht $\rho = 1,5\%$	Beton **gering** beansprucht $\rho = 0,5\%$
1				Bei vierseitig linienartig gelagerten Platten ist die kleinere der beiden Ersatzstützweiten, bei punktartig gelagerten Platten (Flachdecken) die größere maßgebend. Bei dreiseitig gelagerten Platten ist die Ersatzstützweite parallel zum freien Rand maßgebend.	1,0	14	20
2a			Endfeld	Balken und linienartig gelagerte Platten	1,3	18	26
2b			$0,8 < l_{eff,1} / l_{eff,2} < 1,25$	punktartig gelagerte Platten (Flachdecken)	1,1[1]	15[1]	22[1]
3a			Innenfeld	Balken und linienartig gelagerte Platten	1,5	20	30
3b			$0,8 < l_{eff,1} / l_{eff,2} < 1,25$	punktartig gelagerte Platten (Flachdecken)	1,2	17	24
4			auskragender Balken	auskragende Platte	0,4	6	8

[1] Empfehlung, Angabe Endfeld für punktgestützte Platten ist nicht Bestandteil der Tabelle 7.4N in DIN EN 1992-1-1

BEWEHREN VON STAHLBETONTRAGWERKEN
nach DIN EN 1992-1-1 mit Nationalem Anhang

Stand 06/19

Arbeitsblatt 6
SICHERSTELLUNG DER DAUERHAFTIGKEIT

DAUERHAFTIGKEIT, UMGEBUNGSBEDINGUNGEN (DIN EN 1992-1-1, 4.2 und 4.3)

Stahlbeton- und Spannbetonbauteile müssen dauerhaft sein gegen chemische und physikalische Einflüsse. Diese sind in Umgebungsbedingungen klassifiziert, wobei zwischen zwei Hauptgruppen unterschieden wird:
- Bewehrungskorrosion auslösende Einflüsse
- Betonangriff verursachende Einflüsse

Zur Gewährleistung der Dauerhaftigkeit sind je nach Expositionsklasse Mindestbetonfestigkeitsklassen und Mindestwerte der Betondeckung gefordert.

BETONDECKUNG

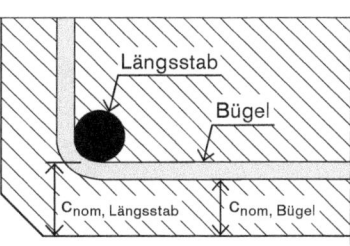

Eine ausreichende Betondeckung gewährleistet Korrosionsschutz, Verbundtragfähigkeit und Brandschutz (sofern die dafür geltenden speziellen Regeln eingehalten werden). Für jedes einzelne Bewehrungselement ist das Nennmaß der Betondeckung c_{nom} wie folgt aus der Mindestbetondeckung c_{min} zu ermitteln und einzuhalten:

$$c_{nom} = c_{min} + \Delta c_{dev}$$

Mindestbetondeckung: $c_{min} = \max(c_{min,b}; c_{min,dur} + \Delta c_{dur,\gamma} - \Delta c_{dur,st} - \Delta c_{dur,add}; 10\,mm)$

mit
- $c_{min,dur}$ Mindestbetondeckung aus Dauerhaftigkeitsanforderung
- $c_{min,b}$ Mindestbetondeckung aus Verbundanforderung
- Δc_{dev} Vorhaltemaß, berücksichtigt unplanmäßige Abweichungen; für Verbundanforderung $\Delta c_{dev} = 10\,mm$; für Dauerhaftigkeitsanforderung $\Delta c_{dev} = 15\,mm$ (außer für XC1: $\Delta c_{dev} = 10\,mm$). Das Vorhaltemaß Δc_{dev} darf bei entsprechenden Qualitätskontrollen um 5 mm abgemindert werden
- $\Delta c_{dur,\gamma}$ additives Sicherheitselement
- $\Delta c_{dur,st}$ Verringerung der Mindestbetondeckung bei Verwendung von nichtrostenden Stählen nach den jeweiligen Allgemeinen Bauaufsichtlichen Zulassungen des Stahls
- $\Delta c_{dur,add}$ Die ursprünglich in den DAfStb-Heften 525 und 600 erlaubte Reduktion bei dauerhafter rissüberbrückender Beschichtung wurde mit der A1-Änderung: 2015-12 gestrichen ($\Delta c_{dur,add} = 0$).

Das **Verlegemaß der Bewehrung** c_v ist durch den Planer so festzulegen, dass das Nennmaß der Betondeckung c_{nom} für alle Bewehrungselemente eingehalten ist ($c_v \geq c_{nom}$). Es ist auf den Verlegeplänen anzugeben. Das **Verlegemaß** c_v ist für die Ermittlung der statischen Nutzhöhe maßgebend.

BETONSTAHL

Für **Betonstahl** ist die Dauerhaftigkeit durch eine ausreichende Betondeckung gewährleistet. Die Anforderungen an die Betondeckung sind in umseitiger Tabelle festgelegt, in der die Tabellen 4.1, 4.3DE und 4.4DE aus DIN EN 1992-1-1 (NA) zusammengefasst sind.

SPANNSTAHL (NDP ZU 4.4.1.2 (3))

Für **Spannstahl** sind in der umseitigen Tabelle die Mindestwerte der Betondeckung c_{min} um 10 mm zu erhöhen; ansonsten gelten die Angaben sinngemäß. Darüber hinaus ist zu beachten:

- Die Angaben zur Betondeckung beziehen sich auf die Oberfläche des Hüllrohres
- Bei Vorspannung mit **sofortigem** Verbund gelten zur Sicherstellung des Verbundes bei:
  Litzen, profilierte Drähten: $c_{min,b} = 2{,}5 \cdot \varnothing_p$
  ($\varnothing_p$ Nenndurchmesser Litze, profilierter Draht)
- Bei Vorspannung mit nachträglichem Verbund gilt:
  $c_{min,b} = 1{,}0 \cdot \varnothing_{duct} \leq 80$ mm
  ($\varnothing_{duct}$ Außendurchmesser des **runden** Hüllrohrs)

  $c_{min,b} = \max\{a\,;\,0{,}5\,b\} \leq 80$ mm
  (**rechteckige** Hüllrohre $a \cdot b$ mit $a \leq b$)

DAUERHAFTIGKEIT BEIM BEWEHREN MIT BETONSTAHL

Korrosions-art	Expositionsklasse [2]		Beispiele	Betondeckung [4], [5], [6], [8] [mm]			Mindestbeton-festigkeits-klasse
				$c_{min,dur}$	Δc_{dev}	c_{nom}	
1	2		3	4	5	6	7	8
kein An-griffsrisiko	X0	–	Innenbauteile ohne Bewehrung; Umgebungen mit sehr geringer Luftfeuchte ($RH \leq 30\%$); Fundamente ohne Bewehrung und ohne Frost	(10)			C12/15
Karbonati-sierungs-induzierte Korrosion	XC 1	Trocken oder ständig nass	Innenräume mit normaler Luftfeuchte; Bauteile, ständig unter Wasser	10	10	20	C16/20
	XC 2	Nass, selten trocken	Teile von Wasserbehältern, Gründungsbauteile	20	15	35	C20/25
	XC 3	Mäßige Luftfeuchte	Offene Hallen; Garagen; Innenräume mit hoher Luftfeuchte	20			C20/25
	XC 4	Wechselnd nass und trocken	Beregnete Außenbauteile; Bauteile in Wasserwechsel-zonen	25		40	C25/30
Chlorid-induzierte Korrosion (ohne Meer-wasser)	XD 1	Mäßige Feuchte	Bauteile im Sprühnebelbereich von Verkehrsflächen; Einzelgaragen	40[7]	15	55	C30/37 [10]
	XD 2	Nass, selten trocken	Schwimmbecken und Solebäder; Bauteile, die chlorid-haltigen Industriewässern ausgesetzt sind				C35/45 [10]
	XD 3	Wechselnd nass und trocken	Teile von Brücken mit häufiger Spritzwasserbeanspru-chung; Fahrbahndecken; direkt befahrene Parkdecks [3]				C35/45 [10]
Chlorid-induzierte Korrosion aus Meer-wasser	XS 1	Salzhaltige Luft, kein unmittelbarer Kontakt mit Meerwasser	Außenbauteile in Küstennähe	40[7]	15	55	C30/37 [10]
	XS 2	Unter Wasser	Bauteile in Hafenbecken, ständig unter Wasser				C35/45 [10]
	XS 3	Gezeitenzonen, Spritz- und Sprühwasserzonen	Kaimauern in Hafenanlagen				C35/45 [10]
Bei gleich-zeitigem Betonan-griff durch Verschleiß (ohne beton-technische Maßnahmen)	XM 1	Mäßiger Verschleiß	Direkt befahrene Bauteile mit mäßigem Verkehr	Mit Opferbeton[14]: Erhöhung von c_{min} um 5 mm		Ohne Opferbeton[15]	C30/37 [10]
	XM 2	Starker Verschleiß	Durch schwere Gabelstapler direkt befahrene Bauteile; direkt beanspruchte Bauteile in Industrieanlagen; Silos	Erhöhung von c_{min} um 10 mm			mit w/z ≤ 0,55 C30/37 [10] mit w/z ≤ 0,45 C35/45 [10]
	XM 3	Sehr starker Verschleiß	Durch Kettenfahrzeuge häufig direkt befahrene Bauteile	Erhöhung von c_{min} um 15 mm			C35/45 [10]
Betonangriff durch Frost mit und ohne Taumittel	XF 1	Mäßige Wassersätti-gung, ohne Taumittel	Außenbauteile	–			C25/30
	XF 2	Mäßige Wassersätti-gung, mit Taumittel	Bauteile im Sprühnebel- oder Spritzwasserbereich von Taumittelbehandelten Verkehrsflächen; Bauteile im Sprüh-nebelbereich von Meerwasser	–			C25/30 LP C35/45
	XF 3	Hohe Wassersätti-gung, ohne Taumittel	offene Wasserbehälter; Bauteile in der Wasserwechsel-zone von Süßwasser	–			C25/30 LP C35/45
	XF 4	Hohe Wassersätti-gung, mit Taumittel	Verkehrsflächen, die mit Taumitteln behandelt werden; Überwiegend horizontale Bauteile im Spritzwasserbereich von taumittelbehandelten Verkehrsflächen; Meerwasserbauteile in der Wasserwechselzone	–			C30/37 LP LP [13]
Betonan-griff durch chemischen Angriff der Umge-bung[16]	XA 1	Chemisch schwach angreifende Umgebung	Behälter von Kläranlagen; Güllebehälter	–			C25/30 [10]
	XA 2	Chemisch mäßig an-greifende Umgebung und Meeresbauwerke	Betonbauteile, die mit Meerwasser in Berührung kommen; Bauteile in betonangreifenden Böden	–			C35/45 [10]
	XA 3	Chemisch stark an-greifende Umgebung	Industrieabwasseranlagen mit chemisch angreifenden Abwässern; Futtertische der Landwirtschaft; Kühltürme mit Rauchgasableitung	–			C35/45 [10]
Betonkorro-sion infolge Alkali-Kieselsäure-reaktion Anhand der zu erwartenden Umgebungs-bedingungen ist der Beton einer der fol-genden Feuch-tigkeitsklassen zuzuordnen.	WO	Beton, der nach nor-maler Nachbehand-lung längere Zeit feucht und nach dem Austrocknen während der Nutzung weitge-hend trocken bleibt.	Innenbauteile des Hochbaus; Bauteile, auf die Außenluft, nicht jedoch z.B. Niederschläge, Oberflächenwasser, Bodenfeuchte einwirken können und/oder die nicht ständig einer relativen Luftfeuchte von mehr als 80 % ausgesetzt werden.				
	WF	Beton, der während der Nutzung häufig oder längere Zeit feucht ist.	Ungeschützte Außenbauteile, die z.B. Niederschlägen, Oberflächenwasser oder Bodenfeuchte ausge-setzt sind; Innenbauteile des Hochbaus für Feuchträume, in denen die relative Luftfeuchte überwiegend höher als 80 % ist; Bauteile mit häufiger Taupunktunterschreitung, wie z.B. Schornsteine, Wärmeüber-tragungsstationen, Filterkammern und Viehställe; Massige Bauteile gemäß DAfStb-Richtlinie „Massige Bauteile aus Beton", deren kleinste Abmessung 0,80 m überschreitet (unabhängig vom Feuchtezutritt)				
	WA	Beton, der zusätzlich zu der Beanspruchung nach Klasse WF häu-figer oder langzeitiger Alkalizufuhr von außen ausgesetzt ist.	Bauteile mit Meerwassereinwirkung; Bauteile unter Tausalzeinwirkung ohne zusätzliche hohe dynamische Beanspruchung (z.B. Spritzwasserbereiche, Fahr- und Stellflächen in Parkhäusern); Bauteile von Industriebauten und landwirtschaftlichen Bauwerken (z.B. Güllebehälter) mit Alkalisalz-einwirkung.				

Fußnoten siehe nächste Seite

Fußnoten zur Tabelle *Dauerhaftigkeit beim Bewehren mit Betonstahl*

2) Für Betondeckung und Mindestbetonfestigkeit ist die Expositionsklasse mit der höchsten Anforderung maßgebend.

3) Zusätzlicher Oberflächenschutz für direkt befahrene Parkdecks notwendig, z. B. Beschichtung, siehe auch DafStb – Heft 600.

4) $c_{min,dur}$ darf um 5 mm verringert werden, wenn die Betonfestigkeitsklasse um 2 Festigkeitsklassen höher ist als die Mindest-betonfestigkeitsklasse; für Bauteile in der Umgebungsklasse XC 1 ist diese Abminderung unzulässig.

5) Zur Sicherstellung des Verbundes gilt: $c_{min} \geq d_s$ bzw. d_{sV} (d_{sV}-Vergleichsdurchmesser eines Stabbündels); $\Delta c = 10$ mm

6) Das Vorhaltemaß der für Dauerhaftigkeitsanforderungen ($c_{min,dur}$) $\Delta c_{dev} = 15$ mm (XC 1: 10 mm) bzw. für Verbundanforderungen ($c_{min,b}$) $\Delta c_{dev} = 10$ mm. Wird eine entsprechende Qualitätskontrolle bei Planung, Entwurf, Herstellung und Bauausführung nachgewiesen, darf Δc_{dev} um 5 mm abgemindert werden.

7) inklusive $\Delta c_{dur,\gamma}$

8) Beim Betonieren gegen unebene Flächen ist Δc um das Differenzmaß der Unebenheit, jedoch mindestens um 20 mm zu erhöhen; beim Betonieren unmittelbar auf den Baugrund um 50 mm.

9) Soweit sich aus den Expositionsklassen für Betonangriff keine höheren Werte ergeben.

10) Bei Verwendung von Luftporenbeton eine Festigkeitsklasse niedriger; siehe auch Fußnote 11.

11) Diese Mindestbetonfestigkeitsklassen gelten für Luftporenbeton mit Mindestanforderungen an den mittleren Luftgehalt im Frischbeton nach DIN 1045-2 unmittelbar vor dem Einbau.

12) Bei langsam und sehr langsam erhärtenden Betonen ($r < 0{,}30$ nach DIN EN 206-1) eine Festigkeitsklasse im Alter von 28 Tagen niedriger. Die Druckfestigkeit zur Einteilung in die geforderte Betonfestigkeitsklasse ist auch in diesem Fall an Probekörpern im Alter von 28 Tagen zu bestimmen.

13) siehe Fußnoten d, e in Tabelle NA.E.1, DIN EN 1992-1-1/NA

14) Bei Berücksichtigung einer Opferbetonschicht entfällt die Mindestanforderung an eine Betonfestigkeitsklasse (vgl. NDP Zu 4.4.1.2 (13)).

15) Anforderungen an die Betonzusammensetzung für XM-Klassen ohne Oferbeton sind in DIN 1045-2 geregelt.

16) Grenzwerte für die Expositionsklassen bei chemischem Angriff XA sind in DIN EN 206-1 und DIN 1045-2 angegeben.

BEWEHREN VON STAHLBETONTRAGWERKEN
nach DIN EN 1992-1-1 mit Nationalem Anhang

Stand 06/19

Arbeitsblatt 7
VERBUND, VERANKERUNGEN, STÖßE

1 VERBUNDFESTIGKEIT (DIN EN 1992-1-1, 8.4.2)

Die Verbundtragfähigkeit muss zur Vermeidung von Verbundversagen ausreichend sein. Die Qualität des Verbundes hängt ab von:
- der Oberflächengestalt des Betonstahls
- den Abmessungen des Bauteils
- Lage und Neigungswinkel der Bewehrung während des Betonierens

1.1 BEMESSUNGSWERTE DER VERBUNDFESTIGKEIT f_{bd} [N/mm²]

$f_{bd} = 2{,}25\, \eta_1 \cdot \eta_2 \cdot f_{ctd}$ mit

f_{ctd} Bemessungswert der Betonzugfestigkeit
$\alpha_{ct} \cdot f_{ctk;\,0{,}05} / \gamma_c$ mit $\alpha_{ct} = 1{,}0$ bei Verbundspannungen

η_1 Verbundfaktor nach 1.2

η_2 Beiwert zur Berücksichtigung des Stabdurchmessers
= 1,0 bei Stabdurchmesser $\varnothing \leq 32\,\text{mm}$ [1)]

f_{ck} [N/mm²]		16	20	25	30	35	40	45	50	55	60	70	80	90	100
γ_c		1,5	1,5	1,5	1,5	1,5	1,5	1,5	1,5	1,5	1,5	1,5	1,5	1,5	1,5
f_{bd} [N/mm²]	„gut"	2,00	2,32	2,69	3,04	3,37	3,68	3,99	4,28	4,43	4,57	4,57[2)]	4,57[2)]	4,57[2)]	4,57[2)]
	„mäßig"	1,40	1,62	1,89	2,13	2,36	2,58	2,79	2,99	3,10	3,20	3,39	3,56	3,71	3,85

[1)] für Stabdurchmesser $\varnothing > 32\,\text{mm}$ sind die Werte f_{bd} mit dem Faktor $\eta_2 = (132-\varnothing)/100$ abzumindern ($\varnothing$ in mm)
[2)] Begrenzung auf den Wert für C60/75 aufgrund der zunehmenden Sprödigkeit von höherfestem Beton

1.2 VERBUNDBEDINGUNGEN
1.2.1 „GUTE" VERBUNDBEDINGUNGEN – VERBUNDFAKTOR $\eta_1 = 1{,}0$

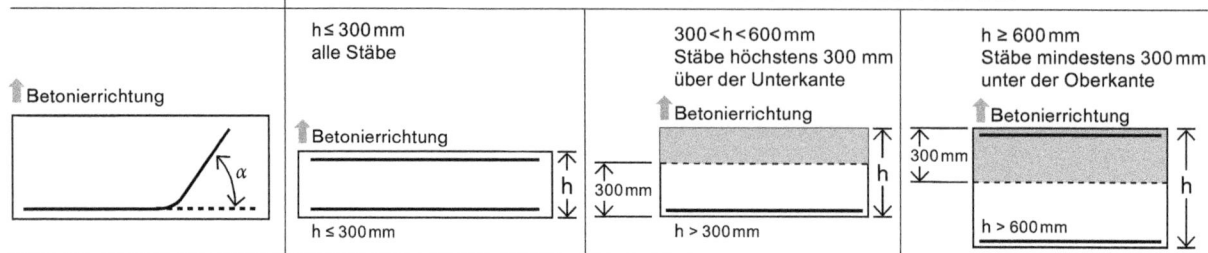

Für liegend gefertigte Bauteile bei Verdichtung mit Außenrüttlern und h ≤ 500 mm darf ebenfalls guter Verbund angenommen werden.

1.3.1 „MÄSSIGE" VERBUNDBEDINGUNGEN – VERBUNDFAKTOR $\eta_1 = 0{,}7$

- In allen Fällen, die nicht den guten Verbundbedingungen zuzuordnen sind (schraffierte Bereiche in den Bildern von 1.2.1).
- Bei Bauteilen, die in Gleitbauweise erstellt werden, für alle Stäbe.

2 VERANKERUNGEN (DIN EN 1992-1-1, 8.4)
2.1 GRUNDWERT DER VERANKERUNGSLÄNGE $l_{b,rqd}$

$$l_{b,rqd} = \frac{\varnothing}{4} \cdot \frac{\sigma_{sd}}{f_{bd}}$$

mit $\varnothing$ Stabdurchmesser

σ_{sd} vorhandene Stahlspannung (im GZT) am Beginn der Verankerungslänge; nach Heft 600 ist hier der Wert f_{yd} zu verwenden (die Abminderung der Stahlspanung erfolgt dann für l_b nach 2.2)

f_{bd} Bemessungswert der Verbundfestigkeit (siehe 1.1)

Grundwert der Verankerungslänge bezogen auf den Stabdurchmesser: $l_{b,rqd}/\varnothing$ ($\varnothing \leq 32$ mm)

f_{ck} [N/mm²]		16	20	25	30	35	40	45	50	55	60	70	80	90	100
$l_b/\varnothing$	„gut"	54	47	40	36	32	30	27	25	25	24	24	24	24	24
	„mäßig"	78	67	58	51	46	42	39	36	35	34	32	31	29	28

2.2 BEMESSUNGSWERT DER VERANKERUNGSLÄNGE l_{bd}

$$l_{bd} = \alpha_1 \cdot \alpha_3 \cdot \alpha_4 \cdot \alpha_5 \cdot l_{b,rqd} \cdot \frac{A_{s,erf}}{A_{s,vorh}} \geq l_{b,min}$$

(gemessen entlang der Mittellinie)

Ersatzverankerungslänge für Haken/Schlaufen:

$l_{b,eq} = l_{bd}$

(gemessen bis Außenkante Haken/Schlaufe)

mit
- α_1 — Berücksichtigung der Verankerungsart nach 2.3, **aber:** Einfluss angeschweißter Querstäbe darf **nicht** angesetzt werden
- α_3 — Berücksichtigung Querstäbe nach 2.3
- α_4 — Berücksichtigung von angeschweißten Querstäben nach 2.3
- α_5 — Berücksichtigung Querdruck nach 2.3
- $l_{b,rqd}$ — mit $\sigma_{sd} = f_{yd}$ ermitteltes Grundmaß der Verankerungslänge
- $A_{s,erf}, A_{s,vorh}$ — erforderliche und vorhandene Querschnittsfläche der zu verankernden Bewehrung
- $l_{b,min}$ — Mindestwert der Verankerungslänge:
  Bei Verankerung unter Zug
  $\geq \max \{0{,}3 \cdot \alpha_1 \cdot \alpha_4 \cdot l_{b,rqd};\, 10\,\varnothing\}$
  (bzw. $6{,}7\varnothing$ bei direkter Lagerung)

  Bei Verankerung unter Druck
  $\geq \max \{0{,}6\, l_{b,rqd};\, 10\,\varnothing\}$
  (für $l_{b,min}$ ist $l_{b,rqd}$ mit $\sigma_{sd} = f_{yd}$ zu ermitteln)

2.3 ZULÄSSIGE VERANKERUNGSARTEN VON BETONSTAHL UND DAZUGEHÖRIGE BEIWERTE α_i

	Verankerungsarten			Beiwert α_i	
				Zug-stäbe	Druck-stäbe
1	Gerade Stabenden			$\alpha_1 = 1{,}0$	$\alpha_1 = 1{,}0$
2	Haken / Winkelhaken / Schlaufen			$\alpha_1 = 0{,}7^{2)}$, wenn $c_d \geq 3\emptyset$, sonst $\alpha_1 = 1{,}0^{1)}$	5)
3	Stabenden mit nicht an der Hauptbewehrung angeschweißten Querstäben: mit: $K=0{,}1$ (Querstab liegt innerhalb D eines Endhakens) $K=0{,}05$ (Querstab liegt außerhalb D eines Endhakens und liegt in Richtung Bauteilachse) $K=0$ (Querstab liegt außerhalb der Hauptbewehrung)			$\alpha_3 = 1 - K \cdot \lambda^{3)}$ $0{,}7 \leq \alpha_3 \leq 1{,}0$	$\alpha_3 = 1{,}0$
4	Stabenden mit mindestens einem angeschweißten Querstab im Abstand von mind. $5 \cdot \emptyset$ vom Verankerungsbeginn ($l_{b,eq}$)			$\alpha_4 = 0{,}7^{4)}$	$\alpha_4 = 0{,}7$
5	Kombination von Zeile 2 und 4			$\alpha_1 \cdot \alpha_4 = 0{,}5$ $(0{,}7)^{1)}$	5)
6	Querdruck: - aus Pressung p (GZT) in [N/mm²] - bei direkter Lagerung (außer bei Übergreifungsstößen mit $s \leq 10 \cdot \emptyset$)			$\alpha_5 = 1 - 0{,}04 \cdot p$ $0{,}7 \leq \alpha_5 \leq 1{,}0$	-

1) $\alpha_1 = 0{,}7$ für $c_d < 3\emptyset$ darf angesetzt werden, wenn Querdruck oder eine enge Verbügelung vorhanden ist.
2) Bei Schlaufenverankerung mit Biegerollendurchmesser $D \geq 15 \cdot \emptyset$ und $c_d > 3 \cdot \emptyset$ darf α_1 auf 0,5 reduziert werden.
3) $\lambda = (\Sigma A_{st} - \Sigma A_{st,min}) / A_{st}$ mit: ΣA_{st} Querschnittsfläche der Querbewehrung innerhalb l_{bd}
                                                          $\Sigma A_{st,min}$ Querschnittsfläche der Mindestquerbewehrung
                                                           $\Sigma A_{st,min} = 0{,}25 A_s$ für Balken und $\Sigma A_{st,min} = 0$ für Platten
                                                           A_s Querschnittsfläche des größten einzelnen verankerten Stabs
4) $\alpha_4 = 0{,}5$ für gerade Stabenden mit mindestens zwei angeschweißten Stäben innerhalb von $l_{b,eq}$ (Stababstand $s < 100$ mm und $s \geq 5\emptyset$ bzw. 50 mm), jedoch nur zulässig bei Einzelstäben mit $\emptyset \leq 16$ mm (bzw. 12 mm bei Doppelstäben)
5) Die Verankerung abgebogener Druckstäbe ist nicht zulässig!

2.4 ERFORDERLICHE QUERBEWEHRUNG IM VERANKERUNGSBEREICH

Im Verankerungsbereich müssen örtliche Querzugspannungen aufgenommen werden, um ein Spalten des Betons infolge Sprengwirkung zu verhindern. Dies gilt als erfüllt, wenn:
- Konstruktive Maßnahmen oder andere günstige Einflüsse (z. B. Querdruck) ein Spalten des Betons verhindern.
- Bei Balken und bei Stützen die Bügel und bei Platten oder Wänden die Querbewehrung (z.B. nach DIN EN 1992-1-1, 9.6.4), angeordnet werden.

Bei Balken ist im Verankerungsbereich mindestens folgende Querbewehrung erforderlich:
- parallel zur Zugseite: $A_{st} = n_1 \cdot 0{,}25 \cdot A_s$ (nur bei ø > 32 mm, vgl. DIN EN 1992-1-1, 8.8 (6))
- senkrecht zur Zugseite: $A_{st} = n_2 \cdot 0{,}25 \cdot A_s$ (nur bei ø > 32 mm, vgl. DIN EN 1992-1-1, 8.8 (6))

  mit A_s Querschnittsfläche eines verankerten Stabes

  n_1 Anzahl der zu verankernden Bewehrungslagen

  n_2 Anzahl der zu verankernden Stäbe in jeder Bewehrungslage
- Die Querbewehrung ist gleichmäßig über den Verankerungsbereich zu verteilen. Der Verlegeabstand soll etwa dem 5-fachen Durchmesser des zu verankernden Stabes entsprechen (vgl. DIN EN 1992-1-1, 8.8 (7)).

2.5 VERANKERUNG VON BÜGELN UND QUERKRAFTBEWEHRUNG

Die Verankerung von Bügeln und Querkraftbewehrung erfolgt durch:

- Haken (a)
- Winkelhaken (b)
- aufgeschweißte Querstäbe (c, d)

Innerhalb eines (Winkel-)Hakens ist in der Regel ein Querstab einzulegen.

In der **Druckzone** erfolgt die Verankerung (nach a) bzw. b)) zwischen dem Schwerpunkt der Druckzonenfläche und dem Druckrand; bei Querbewehrung über die ganze Höhe gilt diese Bedingung als erfüllt.

In der **Zugzone** erfolgt die Anordnung der Verankerungselemente möglichst nahe am Zugrand. Bügel müssen die Biegezugbewehrung umschließen.

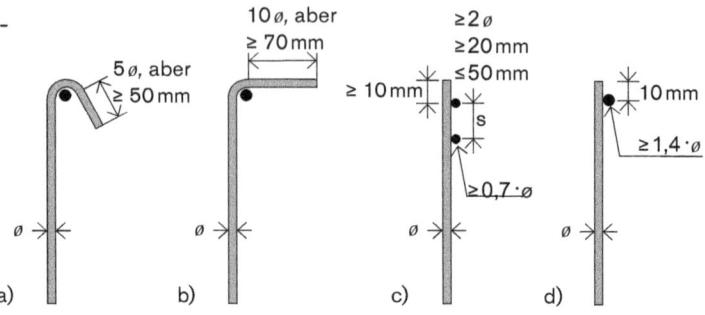

Bei Verankerungselementen mit aufgeschweißten Querstäben (c, d) ist zusätzlich eine seitliche Betondeckung c_d erforderlich:

mit: $c_d \geq 3 \cdot \varnothing$ (mit $\varnothing$ – Stabdurchmesser)
$\geq 50\,mm$

Bei **Balken** sind die Bügel wie folgt zu schließen:

- Druckzone: nach Bild e) und f)
- Zugzone: nach Bild g) und h)

Bei **Plattenbalken** erfolgt das Schließen der Bügel mit Querbewehrung nach Bild i). Zur Vermeidung von Betonabplatzungen ist dabei die Querkraft V_{Ed} zu begrenzen auf $V_{Ed} \leq 2/3 \cdot V_{Rd,max}$ (NCI Zu 8.5).

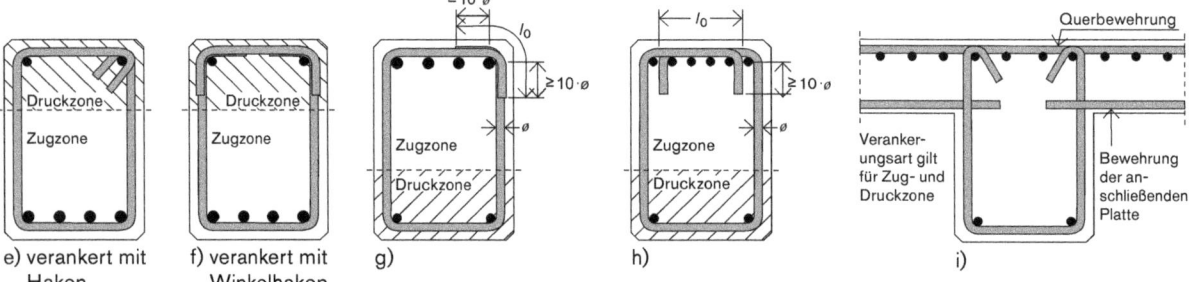

e) verankert mit Haken   f) verankert mit Winkelhaken   g)   h)   i)

3 STÖßE (DIN EN 1992-1-1, 8.7)

Hinweise für die bauliche Durchbildung von Stößen

- Kraftübertragung von einem Stab zum anderen ist sicherzustellen
- Betonabplatzungen sind zu vermeiden
- Große Risse, die die Funktion des Tragwerks gefährden, sind unzulässig

Mechanische Verbindungen sind durch bauaufsichtliche Zulassungen geregelt.
Geschweißte Stöße werden nach DIN EN 17660-1 ausgeführt; siehe auch ISB-Arbeitsblatt Nr. 10.

3.1 ÜBERGREIFUNGSSTÖßE VON STABSTAHL

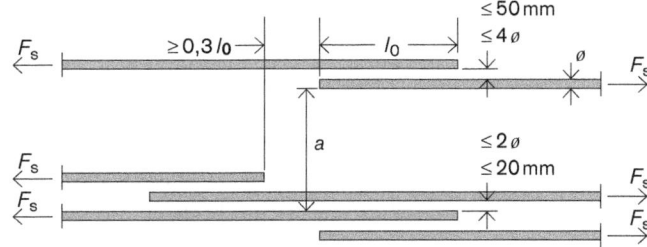

- Vollstöße sollen nicht in hochbeanspruchten Bereichen liegen (z. B. plastische Bereiche) und sind i. d. R. symmetrisch anzuordnen.
- Für Stäbe in mehreren Lagen sollten nur max. 50 % der Stäbe an einer Stelle gestoßen werden.
- Die Übergreifungsstöße sollen möglichst längsversetzt, das heißt mit einem Längsversatz zweier Stöße $\geq 1{,}3 \cdot l_0$ angeordnet werden bzw. der Längsabstand zweier benachbarter Stöße darf das 0,3-fache der Länge l_0 nicht unterschreiten. Die erforderlichen Abmessungen zeigt nebenstehendes Bild.
- Der lichte Abstand sich übergreifender Stäbe soll nicht größer als $4\,\varnothing$ oder 50 mm sein.
- Der lichte Abstand bei benachbarten Stößen darf nicht kleiner als $2\,\varnothing$ oder 20 mm sein.

3.1.1 BEMESSUNGSWERT DER ÜBERGREIFUNGSLÄNGE l_0

$l_0 = \alpha_1 \cdot \alpha_3 \cdot \alpha_5 \cdot \alpha_6 \cdot l_{b,rqd}$

$l_0 \geq l_{0,min}$

$l_{b,rqd}$	Grundmaß der Verankerungslänge nach 2.1
$l_{0,min}$	Mindestwert der Übergreifungslänge $= 0{,}3 \cdot \alpha_1 \cdot \alpha_6 \cdot l_{b,rqd} \geq 15 \cdot \varnothing$ und ≥ 200 mm, mit $\sigma_{sd} = f_{yd}$
α_1	Berücksichtigung der Verankerungsart nach 2.3, **aber:** Einfluss angeschweißter Querstäbe darf **nicht** angesetzt werden
α_3	Berücksichtigung Querstäbe nach 2.3
α_5	Berücksichtigung Querdruck nach 2.3
α_6	Beiwert zur Berücksichtigung des Stoßanteils nach 3.1.2

Ist der lichte Abstand gestoßener Stäbe $\geq 4 \cdot \varnothing_s$ oder 50 mm (siehe Bild in 3.1), ist die Übergreifungslänge um die Überschreitung zu vergrößern.

3.1.2 BEIWERT α_6 ZUR BERÜCKSICHTIGUNG DES STOßANTEILS (DIN EN 1992-1-1/NA, Tabelle NA.8.3)

			Beiwert α_6		
			$\leq 33\%$	$> 33\%$	
1	Anteil ohne Längsversatz gestoßene Stäbe je Lage				[1] Falls $a \geq 8 \cdot \varnothing$ und $c_1 \geq 4 \cdot \varnothing$ gilt $\alpha = 1{,}0$ (vgl. auch Heft 600)
2	Stoß in der Zugzone	$\varnothing < 16$ mm	1,2[1]	1,4[1]	
3		$\varnothing \geq 16$ mm	1,4[1]	2,0[2]	[2] Falls $a \geq 8 \cdot \varnothing$ und $c_1 \geq 4 \cdot \varnothing$ gilt $\alpha = 1{,}4$
4	Stoß in der Druckzone		1,0	1,0	

3.1.3 QUERBEWEHRUNG A_{st} BEI ÜBERGREIFUNGSSTÖßEN

Vorhandene Querbewehrung oder Bügel ist ausreichend, wenn ø < 20 mm oder Anteil der gestoßenen Stäbe max. 25 %. In allen anderen Fällen gilt:

- Die erforderliche Querbewehrung:
  $\Sigma A_{st} \geq 1{,}0 \cdot A_s$ mit A_s = Querschnittsfläche eines gestoßenen Stabs, der größte Wert ist maßgebend.
- Bei einem Stoßanteil > 50 % und einem Abstand a ≤ 10 ø zwischen benachbarten Stößen ist eine Querbewehrung (Bügel oder Steckbügel) ins Innere des Bauteils zu verankern.
- In flächenartigen Bauteilen ist eine bügelartige Umfassung erforderlich, wenn a ≤ 5 ø. Wird die Übergreifungslänge um 30 % erhöht, sind auch gerade Stäbe zulässig.
- Eine bügelartige Umfassung kann entfallen, wenn der Abstand der Stoßmitten benachbarter Stöße mit geraden Stabenden etwa $0{,}5\, l_s$ beträgt.
- In Platten und Wänden wird Querbewehrung erforderlich, wenn bei einem Anteil der gestoßenen Stäbe > 20 % die Querbewehrung innenliegend angeordnet wird und der Stabdurchmesser ø ≤ 16 mm bis Beton C55/67 bzw. ø ≥ 12 mm ab Beton C60/75 beträgt (s. Heft 600).
- Bei mehrlagiger Bewehrung und einem Stoßanteil > 50 % je Lage sind die Übergreifungsstöße durch Bügel zu umschließen, die für die Kraft aller gestoßenen Stäbe bemessen sind.
- Für biegebeanspruchte Bauteile ab C70/85 sind Übergreifungsstöße durch Bügel mit ΣA_{st} = erf. $A_{s,l}$ zu umschließen.

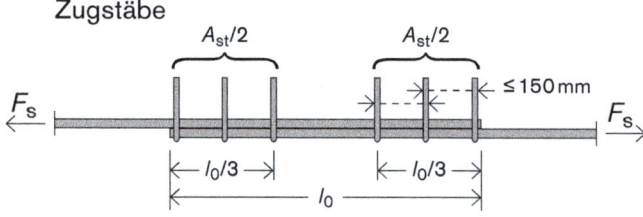

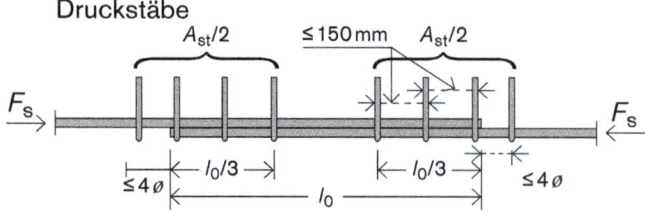

3.1.4 ÜBERGREIFUNGSLÄNGEN l_0

3.1.4 a ÜBERGREIFUNGSLÄNGEN l_0 FÜR BETONFESTIGKEITSKLASSEN C12/15, C16/20, C20/25 und C25/30

In den Tabellen des Abschnittes 3.1.4 gilt: $\frac{a_{s,erf}}{a_{s,vorh}} = 1{,}0$; $\alpha_1 = \alpha_3 = \alpha_5 = 1{,}0$ $l_{0,min}$ (siehe 3.1.1) beachten

Betonfestigkeitsklasse	Durchmesser ø [mm]	Erforderliche Übergreifungslänge l_0 für Stabstahl [cm] in der Zugzone							
		Anteil der gestoßenen Stäbe ≤ 33%				Anteil der gestoßenen Stäbe > 33%			
		$a \geq 8 \cdot \varnothing$ und $c_1 \geq 4 \cdot \varnothing$		$a < 8 \cdot \varnothing$ oder $c_1 < 4 \cdot \varnothing$		$a \geq 8 \cdot \varnothing$ und $c_1 \geq 4 \cdot \varnothing$		$a < 8 \cdot \varnothing$ oder $c_1 < 4 \cdot \varnothing$	
		gut	mäßig	gut	mäßig	gut	mäßig	gut	mäßig
C12/15	6	40	57	47	68	40	57	55	79
	8	53	75	63	90	53	75	74	105
	10	66	94	79	113	66	94	92	132
	12	79	113	95	136	79	113	111	158
	14	92	132	111	158	92	132	129	185
	16	105	151	148	211	148	211	211	301
	20	132	188	185	264	185	264	264	377
	25	165	235	231	330	231	330	330	471
	28	185	264	258	369	258	369	369	527
	32	211	301	295	422	295	422	422	603
	40	– [1]	– [1]	– [1]	– [1]	– [1]	– [1]	– [1]	– [1]
	50	– [1]	– [1]	– [1]	– [1]	– [1]	– [1]	– [1]	– [1]
C16/20	6	32	46	39	56	32	46	45	65
	8	43	62	52	74	43	62	60	86
	10	54	77	65	93	54	77	76	108
	12	65	93	78	111	65	93	91	130
	14	76	108	91	130	76	108	106	151
	16	86	123	121	173	121	173	173	247
	20	108	154	151	216	151	216	216	309
	25	135	193	189	270	189	270	270	386
	28	151	216	212	302	212	302	302	432
	32	173	247	242	346	242	346	346	494
	40	– [1]	– [1]	– [1]	– [1]	– [1]	– [1]	– [1]	– [1]
	50	– [1]	– [1]	– [1]	– [1]	– [1]	– [1]	– [1]	– [1]
C20/25	6	28	40	34	48	28	40	39	56
	8	37	54	45	64	37	54	52	75
	10	47	67	56	80	47	67	66	94
	12	56	80	67	96	56	80	79	112
	14	66	94	79	112	66	94	92	131
	16	75	107	105	150	105	150	150	214
	20	94	134	131	187	131	187	187	268
	25	117	167	164	234	164	234	234	335
	28	131	187	184	262	184	262	262	375
	32	150	214	210	300	210	300	300	428
	40	204	291	285	407	285	407	407	582
	50	286	408	400	571	400	571	571	816
C25/30	6	24	34	29	41	24	34	34	48
	8	32	46	38	55	32	46	45	64
	10	40	57	48	69	40	57	56	80
	12	48	69	58	82	48	69	67	96
	14	56	80	67	96	56	80	78	112
	16	64	91	90	128	90	128	128	183
	20	80	114	112	160	112	160	160	229
	25	100	143	140	200	140	200	200	286
	28	112	160	157	224	157	224	224	320
	32	128	183	179	256	179	256	256	366
	40	174	248	243	348	243	348	348	497
	50	244	348	341	488	341	488	488	697

[1] siehe DIN EN 1992-1-1(/NA) Kap 8.8 (1): Stäbe ø > 32 erst ab C20/25 (NDP)

3.1.4 b ÜBERGREIFUNGSLÄNGEN l_0 FÜR BETONFESTIGKEITSKLASSEN C30/37, C35/45, C40/50 und C45/55

In den Tabellen des Abschnittes 3.1.4 gilt: $\frac{a_{s,erf}}{a_{s,vorh}} = 1{,}0$; $\alpha_1 = \alpha_3 = \alpha_5 = 1{,}0$ $l_{0,min}$ (siehe 3.1.1) beachten

Beton-festig-keits-klasse	Durch-messer ø [mm]	Erforderliche Übergreifungslänge l_0 für Stabstahl [cm] in der Zugzone							
		Anteil der gestoßenen Stäbe ≤ 33%				Anteil der gestoßenen Stäbe > 33%			
		$a \geq 8 \cdot ø$ und $c_1 \geq 4 \cdot ø$		$a < 8 \cdot ø$ oder $c_1 < 4 \cdot ø$		$a \geq 8 \cdot ø$ und $c_1 \geq 4 \cdot ø$		$a < 8 \cdot ø$ oder $c_1 < 4 \cdot ø$	
		gut	mäßig	gut	mäßig	gut	mäßig	gut	mäßig
C30/37	6	21	31	26	37	21	31	30	43
	8	29	41	34	49	29	41	40	57
	10	36	51	43	61	36	51	50	71
	12	43	61	51	73	43	61	60	86
	14	50	71	60	86	50	71	70	100
	16	57	82	80	114	80	114	114	163
	20	71	102	100	143	100	143	143	204
	25	89	127	125	178	125	178	178	255
	28	100	143	140	200	140	200	200	286
	32	114	163	160	228	160	228	228	326
	40	155	222	217	310	217	310	310	443
	50	218	311	305	435	305	435	435	622
C35/45	6	20	27	23	33	20	29	27	38
	8	26	37	31	44	26	37	36	51
	10	32	46	38	55	32	46	45	64
	12	38	55	46	66	38	55	54	77
	14	45	64	54	77	45	64	63	90
	16	51	73	72	102	72	102	102	146
	20	64	91	90	128	90	128	128	183
	25	80	114	112	160	112	160	160	229
	28	90	128	125	179	125	179	179	256
	32	102	146	143	205	143	205	205	293
	40	139	199	195	278	195	278	278	398
	50	195	279	273	390	273	390	390	557
C40/50	6	20	25	21	30	20	25	25	35
	8	24	34	28	40	24	34	33	47
	10	30	42	35	51	30	42	41	59
	12	35	51	42	61	35	51	50	71
	14	41	59	50	71	41	59	58	83
	16	47	67	66	94	66	94	94	135
	20	59	84	83	118	83	118	118	169
	25	74	105	103	148	103	148	148	211
	28	83	118	116	165	116	165	165	236
	32	94	135	132	189	132	189	189	270
	40	128	183	180	257	180	257	257	366
	50	180	257	252	360	252	360	360	514
C45/55	6	20	23	20	28	20	23	23	32
	8	22	31	26	37	22	31	30	43
	10	27	39	32	46	27	39	38	54
	12	32	46	39	56	32	46	45	65
	14	38	54	45	65	38	54	53	76
	16	43	62	60	86	60	86	86	123
	20	54	77	76	108	76	108	108	154
	25	68	96	95	135	95	135	135	193
	28	76	108	106	151	106	151	151	216
	32	86	123	121	173	121	173	173	247
	40	117	168	164	235	164	235	235	335
	50	165	235	230	329	230	329	329	470

3.1.4 c ÜBERGREIFUNGSLÄNGEN l_0 FÜR BETONFESTIGKEITSKLASSEN C50/60, C55/67, C60/75 und C70/85

In den Tabellen des Abschnittes 3.1.4 gilt: $\frac{a_{s,erf}}{a_{s,vorh}} = 1{,}0$; $\alpha_1 = \alpha_3 = \alpha_5 = 1{,}0$ $l_{0,min}$ (siehe 3.1.1) beachten

Beton-festig-keits-klasse	Durch-messer ø [mm]	Erforderliche Übergreifungslänge l_0 für Stabstahl [cm] in der Zugzone							
		Anteil der gestoßenen Stäbe ≤ 33%				Anteil der gestoßenen Stäbe > 33%			
		$a \geq 8 \cdot ø$ und $c_1 \geq 4 \cdot ø$		$a < 8 \cdot ø$ oder $c_1 < 4 \cdot ø$		$a \geq 8 \cdot ø$ und $c_1 \geq 4 \cdot ø$		$a < 8 \cdot ø$ oder $c_1 < 4 \cdot ø$	
		gut	mäßig	gut	mäßig	gut	mäßig	gut	mäßig
C50/60	6	20	21	20	26	20	21	21	30
	8	20	29	24	34	20	29	28	40
	10	25	36	30	43	25	36	35	50
	12	30	43	36	51	30	43	42	60
	14	35	50	42	60	35	50	49	70
	16	40	57	56	80	56	80	80	114
	20	50	71	70	100	70	100	100	143
	25	63	89	88	125	88	125	125	179
	28	70	100	98	140	98	140	140	200
	32	80	114	112	160	112	160	160	229
	40	109	155	152	217	152	217	217	311
	50	152	218	213	305	213	305	305	436
C55/67	6	20	21	20	25	20	21	21	30
	8	20	28	24	34	20	28	28	39
	10	25	35	30	42	25	35	34	49
	12	30	42	35	51	30	42	41	59
	14	34	49	41	59	34	49	48	69
	16	39	56	55	79	55	79	79	112
	20	49	70	69	98	69	98	98	141
	25	61	88	86	123	86	123	123	176
	28	69	98	96	138	96	138	138	197
	32	79	112	110	157	110	157	157	225
	40	107	153	150	214	150	214	214	305
	50	150	214	210	300	210	300	300	428
C60/75	6	20	20	20	24	20	20	20	29
	8	20	27	23	33	20	27	27	38
	10	24	34	29	41	24	34	33	48
	12	29	41	34	49	29	41	40	57
	14	33	48	40	57	33	48	47	67
	16	38	54	53	76	53	76	76	109
	20	48	68	67	95	67	95	95	136
	25	59	85	83	119	83	119	119	170
	28	67	95	93	133	93	133	133	190
	32	76	109	107	152	107	152	152	218
	40	103	148	145	207	145	207	207	296
	50	145	207	203	290	203	290	290	415
C70/85	6	20	20	20	23	20	20	20	27
	8	20	27	23	31	20	26	27	36
	10	24	32	29	38	24	32	33	45
	12	29	38	34	46	29	38	40	54
	14	33	45	40	54	33	45	47	63
	16	38	51	53	72	53	72	76	103
	20	48	64	67	90	67	90	95	128
	25	59	80	83	112	83	112	119	160
	28	67	90	93	126	93	126	133	180
	32	76	103	107	144	107	144	152	205
	40	103	128	145	195	145	195	207	279
	50	145	196	203	274	203	274	290	391

3.1.4 d ÜBERGREIFUNGSLÄNGEN l_0 FÜR BETONFESTIGKEITS-KLASSEN C80/95, C90/105, und C100/115

In den Tabellen des Abschnittes 3.1.4 gilt: $\frac{a_{s,erf}}{a_{s,vorh}} = 1{,}0$; $\alpha_1 = \alpha_3 = \alpha_5 = 1{,}0$ $l_{0,min}$ (siehe 3.1.1) beachten

Beton-festig-keits-klasse	Durch-messer ø [mm]	Erforderliche Übergreifungslänge l_0 für Stabstahl [cm] in der Zugzone						
		Anteil der gestoßenen Stäbe ≤ 33 %				Anteil der gestoßenen Stäbe > 33 %			
		$a \geq 8 \cdot ø$ und $c_1 \geq 4 \cdot ø$		$a < 8 \cdot ø$ oder $c_1 < 4 \cdot ø$		$a \geq 8 \cdot ø$ und $c_1 \geq 4 \cdot ø$		$a < 8 \cdot ø$ oder $c_1 < 4 \cdot ø$	
		gut	mäßig	gut	mäßig	gut	mäßig	gut	mäßig
C80/95	6	20	20	20	22	20	20	20	26
	8	20	24	23	29	20	24	27	34
	10	24	31	29	37	24	31	33	43
	12	29	37	34	44	29	37	40	51
	14	33	43	40	51	33	43	47	60
	16	38	49	53	68	53	68	76	98
	20	48	61	67	86	67	86	95	122
	25	59	76	83	107	83	107	119	153
	28	67	86	93	120	93	120	133	171
	32	76	98	107	137	107	137	152	196
	40	103	122	145	186	145	186	207	266
	50	145	186	203	261	203	261	290	373
C90/105	6	20	20	20	21	20	20	20	25
	8	20	23	23	28	20	23	27	33
	10	24	29	29	35	24	29	33	41
	12	29	35	34	42	29	35	40	49
	14	33	41	40	49	33	41	47	58
	16	38	47	53	66	53	66	76	94
	20	48	59	67	82	67	82	95	117
	25	59	73	83	103	83	103	119	147
	28	67	82	93	115	93	115	133	164
	32	76	94	107	131	107	131	152	188
	40	- 1)	- 1)	- 1)	- 1)	- 1)	- 1)	- 1)	- 1)
	50	- 1)	- 1)	- 1)	- 1)	- 1)	- 1)	- 1)	- 1)
C100/115	6	20	20	20	20	20	20	20	24
	8	20	23	23	27	20	23	27	32
	10	24	28	29	34	24	28	33	40
	12	29	34	34	41	29	34	40	48
	14	33	40	40	48	33	40	47	55
	16	38	45	53	63	53	63	76	90
	20	48	57	67	79	67	79	95	113
	25	59	71	83	99	83	99	119	141
	28	67	79	93	111	93	111	133	158
	32	76	90	107	127	107	127	152	181
	40	- 1)	- 1)	- 1)	- 1)	- 1)	- 1)	- 1)	- 1)
	50	- 1)	- 1)	- 1)	- 1)	- 1)	- 1)	- 1)	- 1)

1) siehe DIN EN 1992-1-1(/NA) Kap 8.8 (1): Stäbe ø > 32 nur bis C80/95 (NDP)

3.1.5 STABBÜNDEL

Allgemein
- Wenn nicht anders festgelegt, gelten die Regeln für Einzelstäbe auch für Stabbündel.
- Stabbündel bestehen aus mehreren Einzelstäben, die sich berühren und bei der Betonage durch geeignete Maßnahmen zusammengehalten werden.
- Stäbe mit verschienen Durchmessern dürfen gebündelt werden, wenn das Verhältnis der Durchmesser kleiner 1,7 ist.
- Für die Bemessung wird das Stabbündel durch einen Ersatzstab mit gleicher Querschnittsfläche und gleichem Schwerpunkt ersetzt. Der Vergleichsdurchmesser $\varnothing_n$ für den Ersatzstab ergibt sich zu:

$$\varnothing_n = \varnothing \cdot \sqrt{n_b} \quad \leq 55\,\text{mm} \; (\leq 28\,\text{mm für Betonfestigkeitsklassen} \geq \text{C70/85})$$

mit $\varnothing$ Durchmesser des Einzelstabes mit $\varnothing \leq 28$ mm

n_b Anzahl der Bewehrungsstäbe eines Stabbündels mit folgenden Grenzwerten:
$n_b \leq 4$ für lotrechte Stäbe unter Druck und für Stäbe in einem Übergreifungsstoß
$n_b \leq 3$ für alle anderen Fälle

- Stabbündel mit unterschiedlichen Stabdurchmessern können mit der Formel $\sqrt{\sum n_{b,i} \cdot \varnothing_i^2}$ berechnet werden.
- Zwei sich berührende, übereinander liegende Stäbe in guten Verbundbedingungen brauchen nicht als Stabbündel behandelt zu werden.
- Stabbündel aus zwei Stäben mit $\varnothing_n \leq 28$ mm dürfen ohne Längsversatz der Einzelstäbe gestoßen werden; für die Berechnung von l_0 ist dann $\varnothing_n$ zugrunde zu legen.
- Bei Stabbündeln aus zwei Stäben mit $\varnothing_n > 28$ mm und bei Stabbündeln aus drei Stäben sind die Einzelstäbe stets um mindestens 1,3 l_0 in Längsrichtung versetzt zu stoßen, wobei jedoch in jedem Schnitt eines gestoßenen Bündels höchstens vier Stäbe vorhanden sein dürfen; für die Berechnung von l_0 ist dann der Durchmesser des Einzelstabes einzusetzen. Bündel mit mehr als drei Stäben dürfen i.d.R. nicht gestoßen werden. (vgl. DIN EN 1992-1-1, 8.9.3 (3))

Tabelle Vergleichsdurchmesser $\varnothing_n$
(für n gleiche Stabdurchmesser)

$n = 2$		$n = 3$	
$\varnothing$ [mm]	$\varnothing_n$ [mm]	$\varnothing$ [mm]	$\varnothing_n$ [mm]
28	39,6	28	48,5
25	35,4	25	43,3
20	28,3	20	34,6
16	22,6	16	27,7
14	19,8	14	24,2
12	17,0	12	20,8
10	14,1	10	17,3

Verankerung von Stabbündeln (DIN EN 1992-1-1, 8.9.2)
In Auflagernähe dürfen Stabbündel mit einem Vergleichsdurchmesser $\varnothing_n < 32$ mm ohne Längsversatz der Einzelstäbe enden. Bei Stabbündel mit einem Vergleichsdurchmesser $\varnothing_n \geq 32$ mm sind die Einzelstäbe gemäß Bild in Längsrichtung zu versetzen.

Übergreifung von Stabbündeln
Die Übergreifungslänge l_0 ist in der Regel mit dem Vergleichsdurchmesser $\varnothing_n$ zu ermitteln. Weitere Hinweise siehe DIN EN 1992-1-1 Abs. 8.9.3.

Werden Einzelstäbe mit einem Längsversatz größer 1,3 $l_{b,rqd}$ verankert, darf der Stabdurchmesser zur Berechnung von l_{bd} verwendet werden (siehe Bild). Andernfalls ist in der Regel der Vergleichsdurchmesser des Bündels $\varnothing_n$ zu verwenden.

3.2 ÜBERGREIFUNGSSTÖßE VON BETONSTAHLMATTEN

3.2.1 ARTEN VON STÖßEN

Ein-Ebenen-Stoß (z.B. durch Verschränkung)

Es gelten die Nachweise nach 3.1, wobei der Einfluss der Querstäbe mit $\alpha_3 = 1{,}0$ anzusetzen ist.

Bei Ermüdungsbelastung ist i.d.R. diese Stoßart (Verschränkung) auszuführen.

Der Mindestwert der Übergreifungslänge $l_{0,min}$ sollte nicht kleiner sein als der Abstand der Querbewehrung s_{quer}.

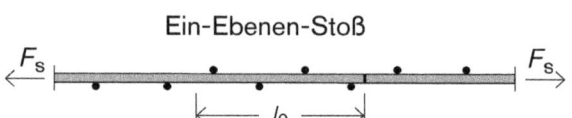

Zwei-Ebenen-Stoß (Regelstoß)

- Die Stöße der Hauptbewehrung sind in Bereichen anzuordnen, in denen die Bewehrung im GZT nicht mehr als 80 % ausgenutzt wird.
- Vollstoß bei Betonstahlmatten mit $a_s \leq 12\,cm^2/m$ erlaubt, ohne bügelartige Umfassung jedoch nur mit $a_s \leq 6\,cm^2/m$.
- Betonstahlmatten mit $a_s > 12\,cm^2/m$ dürfen nur gestoßen werden (siehe Heft 600):
  - als innere Lage bei mehrlagiger Bewehrung.
  - wenn der Anteil der gestoßenen Matten ≤ 60 % der erforderlichen Bewehrung beträgt.
- Bei mehrlagiger Mattenbewehrung sind die Stöße der einzelnen Mattenlagen um mindestens $1{,}3 \cdot l_0$ zu versetzen.
- Eine zusätzliche Querbewehrung im Stoßbereich ist nicht erforderlich.
- Mit Querschnittswerten der Matte von $a_s \leq 6\,cm^2/m$ ist keine bügelartige Umfassung des Stoßes erforderlich (DIN EN 1992-1-1/NA, NCI 8.7.5.1 (4)).
- Ist an der Stoßstelle von Betonstahlmatten ein Rissbreitennachweis zu führen, ist hierfür eine um 25 % höhere Stahlspannung anzusetzen.
- Für Übergreifungslängen von Druckstößen gilt: $l_0 \geq 1{,}0 \cdot l_{b,rqd}$ ($\alpha_6 = 1{,}0$ vgl. 3.1.1 und 3.1.2)

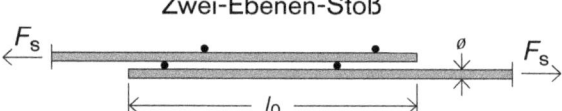

3.2.2 ÜBERGREIFUNGSLÄNGE l_0 VON BETONSTAHLMATTEN MIT ZWEI-EBENEN-STOß

$l_0 = l_{b,rqd} \cdot \alpha_7 \geq l_{0,min}$

$l_{b,rqd}$	Grundwert der Verankerungslänge nach 2.1 mit $\sigma_{sd} = f_{yd}$	
α_7	Beiwert zur Berücksichtigung des Mattenquerschnitts $= 0{,}4 + a_{s,vorh}/8$ mit $1{,}0 \leq \alpha_7 \leq 2{,}0$	
$a_{s,vorh}$	vorhandene Querschnittsfläche im betrachteten Stoßquerschnitt in [cm^2/m]	
$l_{0,min}$	Mindestwert der Übergreifungslänge $= 0{,}3 \cdot \alpha_7 \cdot l_{b,rqd}$ $\geq s_q$ und $\geq 200\,mm$	
s_q	Abstand der geschweißten Querstäbe	

3.2.3 STÖSSE DER QUERBEWEHRUNG

- Die statisch nicht erforderliche **Querbewehrung** von Betonstahlmatten darf bei Platten und Wänden an einer Stelle gestoßen werden.
- Innerhalb der Übergreifungslänge $l_{0,q}$ müssen mindestens zwei Längsstäbe liegen.
- Für den Mindestwert der Übergreifungslänge $l_{0,q}$ gilt abhängig vom Stabdurchmesser: Verteilerstoß der Querbewehrung

	$ø ≤ 6{,}0$ mm:	$l_{0,q} ≥ 150$ mm und $≥ 1\,s_l$
$6{,}0$ mm $<$	$ø ≤ 8{,}5$ mm:	$l_{0,q} ≥ 250$ mm und $≥ 2\,s_l$
$8{,}5$ mm $<$	$ø ≤ 12$ mm:	$l_{0,q} ≥ 350$ mm und $≥ 2\,s_l$
	$ø > 12$ mm:	$l_{0,q} ≥ 500$ mm und $≥ 2\,s_l$

Übergreifungsstoß der Querbewehrung

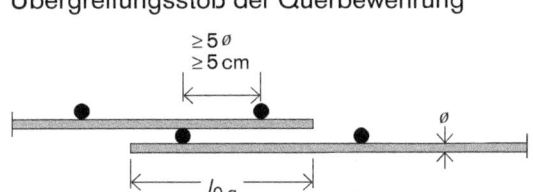

s_l: Stababstand der Längsstäbe (= Mattenmasche)

3.2.4 ÜBERGREIFUNGSLÄNGEN l_0 VON TRAGSTÖSSEN ALS ZWEI-EBENEN-STOSS FÜR C12/15 bis C30/37

In den Tabellen des Abschnittes 3.2.4 gilt: $\frac{a_{s,erf}}{a_{s,vorh}} = 1{,}0$ $l_{0,min}$ (siehe 3.2.2) beachten

	l_0 [cm] in „gutem" Verbund									l_0 [cm] in „mäßigem" Verbund								
	Tragstoß Längsrichtung				Tragstoß Querrichtung					Tragstoß Längsrichtung				Tragstoß Querrichtung				
Matten	C12/15	C16/20	**C20/25**	C25/30	C30/37	C12/16	C16/20	**C20/25**	C25/30	C30/37	C12/16	C16/20	**C20/25**	C25/30	C30/37	C12/16	C16/20	**C20/25**	C25/30	C30/37
Q188A/B	40	33	**29**	25	22	40	33	**29**	25	22	57	47	**41**	35	31	57	47	**41**	35	31
Q257A/B	47	39	**33**	29	25	47	39	**33**	29	25	66	55	**47**	41	36	66	55	**47**	41	36
Q335A/B	53	44	**38**	33	29	53	44	**38**	33	29	76	63	**54**	47	41	76	63	**54**	47	41
Q424A/B	60	50	**43**	37	33	60	50	**43***	37*	33*	85	71	**61**	52	46	85	71	**61**	52	46*
Q524A/B	70	58	**50**	43	38	70	58	**50**	43*	38*	100	83	**71**	61	54	100	83	**71**	61	54
Q636A/B	71	59	**51**	44	39	79	65	**56**	48	43	102	84	**72**	63	55	112	93	**80**	69	61
	Verteilerstoß Querrichtung													Verteilerstoß Querrichtung					
R188A/B	40	33	**29**	25	25	15	15	**15**	15	15	57	47	**41**	35	31	15	15	**15**	15	15
R257A/B	47	39	**33**	29	25	15	15	**15**	15	15	66	55	**47**	41	36	15	15	**15**	15	15
R335A/B	53	44	**38**	33	29	15	15	**15**	15	15	76	63	**54**	47	41	15	15	**15**	15	15
R424A/B	60	50	**43**	37	33	30	30	**30**	30	30	85	71	**61**	52	46	30	30	**30**	30	30
R524A/B	70	58	**50**	43	38	30	30	**30**	30	30	100	83	**71**	61	54	30	30	**30**	30	30

*) Bei zweiachsiger Beanspruchung ist infolge der Randeinsparung die Überlappung zur Sicherstellung des Mindestquerschnitts auf 50 mm zu erhöhen.

3.2.4 a ÜBERGREIFUNGSLÄNGEN NACH MASCHENREGEL FÜR ZWEI-EBENEN-STOß FÜR C12/15 bis C30/37

(gilt für ungeschnittene Matten nach Lieferprogramm)

Matten	Maschenanzahl in „gutem" Verbund											Maschenanzahl in „mäßigem" Verbund										
	Tragstoß Längsrichtung					Tragstoß Querrichtung					Tragstoß Längsrichtung					Tragstoß Querrichtung				
	C12/15	C16/20	C20/25	C25/30	C30/37	C12/16	C16/20	C20/25	C25/30	C30/37	C12/16	C16/20	C20/25	C25/30	C30/37	C12/16	C16/20	C20/25	C25/30	C30/37
Q188A/B	2	2	1	1	1	3	2	2	2	2	3	3	2	2	2	4	3	3	2	2
Q257A/B	3	2	2	1	1	3	3	2	2	2	4	3	3	2	2	5	4	3	3	3
Q335A/B	3	2	2	2	1	4	3	3	2	2	5	4	3	3	2	5	4	4	3	3
Q424A/B	3	3	2	2	2	4	3	3	3	2	5	4	4	3	3	6	5	4	4	3
Q524A/B	4	3	3	2	2	5	4	3	3	3	6	5	4	4	3	7	6	5	4	4
Q636A/B	5	4	3	3	2	8	6	6	5	4	7	6	5	4	4	11	9	8	7	6
						Verteilerstoß Querrichtung										Verteilerstoß Querrichtung				
R188A/B	1	1	1	1	1	1	1	1	1	1	2	1	1	1	1	1	1	1	1	1
R257A/B	1	1	1	1	1	1	1	1	1	1	2	2	1	1	1	1	1	1	1	1
R335A/B	2	1	1	1	1	1	1	1	1	1	3	2	2	1	1	1	1	1	1	1
R424A/B	2	1	1	1	1	2	2	2	2	2	3	2	2	2	1	2	2	2	2	2
R524A/B	2	2	1	1	1	2	2	2	2	2	3	3	2	2	2	2	2	2	2	2

3.2.4 b MINDESTÜBERGREIFUNGSLÄNGEN l_0 VON QUERSTÄBEN

Matten	$\varnothing_q$	l_0 [cm]	Maschenanzahl
Q188A/B	6	15	1
Q257A/B	7	25	2
Q335A/B	8	25	2
Q424A/B	9	35	2
Q524A/B	10	35	2
Q636A/B	10	35	2

Matten	$\varnothing_q$	l_0 [cm]	Maschenanzahl
R188A/B	6	15	1
R257A/B	6	15	1
R335A/B	6	15	1
R424A/B	8	25	2
R524A/B	8	25	2

3.2.5 ÜBERGREIFUNGSLÄNGEN l_0 VON TRAGSTÖßEN ALS ZWEI-EBENEN-STOß FÜR C35/40 bis C55/67

In den Tabellen des Abschnittes 3.2.5 gilt: $\frac{a_{s,erf}}{a_{s,vorh}} = 1{,}0$ $l_{0,min}$ (siehe 3.2.2) beachten

Matten	l_0 [cm] in „gutem" Verbund											l_0 [cm] in „mäßigem" Verbund										
	Tragstoß Längsrichtung					Tragstoß Querrichtung					Tragstoß Längsrichtung					Tragstoß Querrichtung				
	C35/45	C40/50	**C45/55**	C50/60	C55/67	C35/45	C40/50	**C45/55**	C50/60	C55/67	C35/45	C40/50	**C45/55**	C50/60	C55/67	C35/45	C40/50	**C45/55**	C50/60	C55/67
Q188A/B	20	20	**20**	20	20	20	20	**20**	20	20	28	26	**24**	22	22	28	26	**24**	22	22
Q257A/B	23	21	**20**	20	20	23	21	**20**	20	20	33	30	**28**	26	25	33	30	**28**	26	25
Q335A/B	26	24	**22**	21	20	26	24	**22**	21	20	37	34	**32**	30	29	37	34	**32**	30	29
Q424A/B	30	27	**25**	23	23	30*	27*	**25***	23*	23*	42	38	**36**	33	32	42*	38*	**36***	33*	32*
Q524A/B	35	32	**29**	27	26	35*	32*	**29***	27*	26*	49	45	**42**	39	38	49*	45*	**42***	39*	38*
Q636A/B	35	32	**30**	28	27	39	35	**33****	31**	30**	50	46	**42**	40	38	55	50	**47**	44	42
						Verteilerstoß Querrichtung										Verteilerstoß Querrichtung				
R188A/B	25	25	**25**	25	25	15	15	**15**	15	15	28	26	**25**	25	25	15	15	**15**	15	15
R257A/B	25	25	**25**	25	25	15	15	**15**	15	15	33	30	**28**	26	25	15	15	**15**	15	15
R335A/B	26	25	**25**	25	25	15	15	**15**	15	15	37	34	**32**	30	29	15	15	**15**	15	15
R424A/B	30	27	**25**	25	25	30	30	**30**	30	30	42	38	**36**	33	32	30	30	**30**	30	30
R524A/B	35	32	**29**	27	26	30	30	**30**	30	30	49	45	**42**	39	38	30	30	**30**	30	30

*) Bei zweiachsiger Beanspruchung ist infolge der Randeinsparung die Überlappung zur Sicherstellung des Mindestquerschnitts auf 50 mm zu erhöhen.
**) Bei zweiachsiger Beanspruchung ist infolge der Randeinsparung die Überlappung zur Sicherstellung des Mindestquerschnitts auf 35 mm zu erhöhen.

3.2.5 a ÜBERGREIFUNGSLÄNGEN NACH MASCHENREGEL FÜR ZWEI-EBENEN-STOß FÜR C35/45 bis C55/67

(gilt für ungeschnittene Matten nach Lieferprogramm)

Matten	Maschenanzahl in „gutem" Verbund											Maschenanzahl in „mäßigem" Verbund										
	Tragstoß Längsrichtung					Tragstoß Querrichtung					Tragstoß Längsrichtung					Tragstoß Querrichtung				
	C35/45	C40/50	**C45/55**	C50/60	C55/67	C35/45	C40/50	**C45/55**	C50/60	C55/67	C35/45	C40/50	**C45/55**	C50/60	C55/67	C35/45	C40/50	**C45/55**	C50/60	C55/67
Q188A/B	1	1	**1**	1	1	1	1	**1**	1	1	1	1	**1**	1	1	2	2	**2**	2	2
Q257A/B	1	1	**1**	1	1	2	2	**1**	1	1	2	1	**1**	1	1	2	2	**2**	2	2
Q335A/B	1	1	**1**	1	1	2	2	**2**	2	1	2	2	**2**	1	1	3	2	**2**	2	2
Q424A/B	1	1	**1**	1	1	2	2	**2**	2	2	2	2	**2**	2	2	3	3	**3**	2	2
Q524A/B	2	2	**1**	1	1	2	2	**2**	2	2	3	2	**2**	2	2	3	3	**3**	3	3
Q636A/B	2	2	**2**	2	1	4	3	**3**	3	3	3	3	**3**	2	2	5	5	**5**	4	4
						Verteilerstoß Querrichtung										Verteilerstoß Querrichtung				
R188A/B	1	1	**1**	1	1	1	1	**1**	1	1	1	1	**1**	1	1	1	1	**1**	1	1
R257A/B	1	1	**1**	1	1	1	1	**1**	1	1	1	1	**1**	1	1	1	1	**1**	1	1
R335A/B	1	1	**1**	1	1	1	1	**1**	1	1	1	1	**1**	1	1	1	1	**1**	1	1
R424A/B	1	1	**1**	1	1	2	2	**2**	2	2	1	1	**1**	1	1	2	2	**2**	2	2
R524A/B	1	1	**1**	1	1	2	2	**2**	2	2	1	1	**1**	1	1	2	2	**2**	2	2

3.2.6 ÜBERGREIFUNGSLÄNGEN l_0 VON TRAGSTÖßEN ALS ZWEI-EBENEN-STOß FÜR C60/75 bis C100/115

In den Tabellen des Abschnittes 3.2.6 gilt: $\frac{a_{s,erf}}{a_{s,vorh}} = 1{,}0$ $l_{0,min}$ (siehe 3.2.2) beachten

	l_0 [cm] in „gutem" Verbund										l_0 [cm] in „mäßigem" Verbund									
	Tragstoß Längsrichtung					Tragstoß Querrichtung					Tragstoß Längsrichtung					Tragstoß Querrichtung				
Matten	C60/75	C70/85	C80/95	C90/105	C100/115	C60/75	C70/85	C80/95	C90/105	C100/115	C60/75	C70/85	C80/95	C90/105	C100/115	C60/75	C70/85	C80/95	C90/105	C100/115
Q188A/B	20	20	**20**	20	20	20	20	**20**	20	20	21	20	**20**	20	20	21	20	**20**	20	20
Q257A/B	20	20	**20**	20	20	20	20	**20**	20	20	24	23	**22**	21	20	24	23	**22**	21	20
Q335A/B	20	20	**20**	20	20	20	20	**20**	20	20	28	26	**25**	24	23	28	26	**25**	24	23
Q424A/B	22	22	**22**	22	22	22*	22*	**22***	22*	22*	31	29	**28**	27	26	31*	29*	**28***	27*	26*
Q524A/B	26	26	**26**	26	26	26*	26*	**26***	26*	26*	36	34	**33**	31	30	36*	34*	**33***	31*	30*
Q636A/B	26	26	**26**	26	26	29**	29**	**29***	29**	29**	37	35	**33**	32	31	41	39	**37**	35	34**
						Verteilerstoß Querrichtung										Verteilerstoß Querrichtung				
R188A/B	25	25	**25**	25	25	15	15	**15**	15	15	25	25	**25**	25	25	15	15	**15**	15	15
R257A/B	25	25	**25**	25	25	15	15	**15**	15	15	25	25	**25**	25	25	15	15	**15**	15	15
R335A/B	25	25	**25**	25	25	15	15	**15**	15	15	28	26	**25**	25	25	15	15	**15**	15	15
R424A/B	25	25	**25**	25	25	30	30	**30**	30	30	31	29	**28**	27	26	30	30	**30**	30	30
R524A/B	26	26	**26**	26	26	30	30	**30**	30	30	36	34	**33**	31	30	30	30	**30**	30	30

*) Bei zweiachsiger Beanspruchung ist infolge der Randeinsparung die Überlappung zur Sicherstellung des Mindestquerschnitts auf 50 mm zu erhöhen.
**) Bei zweiachsiger Beanspruchung ist infolge der Randeinsparung die Überlappung zur Sicherstellung des Mindestquerschnitts auf 35 mm zu erhöhen.

3.2.6 a ÜBERGREIFUNGSLÄNGEN NACH MASCHENREGEL FÜR ZWEI-EBENEN-STOß FÜR C60/75 bis C100/115

(gilt für ungeschnittene Matten nach Lieferprogramm)

	Maschenanzahl in „gutem" Verbund										Maschenanzahl in „mäßigem" Verbund									
	Tragstoß Längsrichtung					Tragstoß Querrichtung					Tragstoß Längsrichtung					Tragstoß Querrichtung				
Matten	C60/75	C70/85	C80/95	C90/105	C100/115	C60/75	C70/85	C80/95	C90/105	C100/115	C60/75	C70/85	C80/95	C90/105	C100/115	C60/75	C70/85	C80/95	C90/105	C100/115
Q188A/B	1	1	**1**	1	1	1	1	**1**	1	1	1	1	**1**	1	1	2	1	**1**	1	1
Q257A/B	1	1	**1**	1	1	1	1	**1**	1	1	1	1	**1**	1	1	2	2	**2**	2	1
Q335A/B	1	1	**1**	1	1	1	1	**1**	1	1	1	1	**1**	1	1	2	2	**2**	2	2
Q424A/B	1	1	**1**	1	1	2	2	**2**	2	2	2	1	**1**	1	1	2	2	**2**	2	2
Q524A/B	1	1	**1**	1	1	2	2	**2**	2	2	2	2	**2**	2	1	3	2	**2**	2	2
Q636A/B	1	1	**1**	1	1	3	3	**3**	3	3	2	2	**2**	2	2	4	4	**4**	3	3
						Verteilerstoß Querrichtung										Verteilerstoß Querrichtung				
R188A/B	1	1	**1**	1	1	1	1	**1**	1	1	1	1	**1**	1	1	1	1	**1**	1	1
R257A/B	1	1	**1**	1	1	1	1	**1**	1	1	1	1	**1**	1	1	1	1	**1**	1	1
R335A/B	1	1	**1**	1	1	1	1	**1**	1	1	1	1	**1**	1	1	1	1	**1**	1	1
R424A/B	1	1	**1**	1	1	2	2	**2**	2	2	1	1	**1**	1	1	2	2	**2**	2	2
R524A/B	1	1	**1**	1	1	2	2	**2**	2	2	1	1	**1**	1	1	2	2	**2**	2	2

INSTITUT FÜR
STAHLBETONBEWEHRUNG E.V.

BEWEHREN VON STAHLBETONTRAGWERKEN
nach DIN EN 1992-1-1 mit Nationalem Anhang

Stand 06/19

Arbeitsblatt 8
BEWEHRUNGS- UND KONSTRUKTIONSREGELN

1 VORBEMERKUNGEN

Zur Sicherstellung einer ausreichenden Zuverlässigkeit sind Stahlbetonbauteile in den Grenzzuständen der Tragfähigkeit und Gebrauchstauglichkeit nachzuweisen und entsprechend den Anforderungen an die Dauerhaftigkeit auszubilden. Darüber hinaus sind bei der Ausbildung von Stahlbetonbauteilen diverse bauteilspezifische **Bewehrungs- und Konstruktionsregeln** zu beachten.

Im Abschnitt 2 dieses Arbeitsblattes sind die **allgemeinen Bewehrungsregeln** hinsichtlich **Grenzstabdurchmessern, lichten Mindeststababständen** und Regelungen über das **Biegen von Betonstählen** zusammengefasst. Weiterführende Regelungen zu Verbundbedingungen, Verankerungslängen und Bewehrungsstößen in Stahlbetonbauteilen sind dem ISB-Arbeitsblatt 7 zu entnehmen.

Die übrigen Abschnitte dieses Arbeitsblattes fassen die **bauteilspezifischen Konstruktionsregeln** für überwiegend auf Biegung beanspruchte Bauteile (Balken, Plattenbalken und Platten), Stützen, Wände, wandartige Träger und Fertigteile zusammen. Die Einhaltung der Konstruktionsregeln und der besonderen Bestimmungen des Abschnittes 8 dieses Arbeitsblattes sind u.a. zur Vermeidung von Bauteilversagen bei Erstrissbildung ohne Vorankündigung (Duktilitätskriterium), der Sicherstellung einer angemessenen Dauerhaftigkeit der Bauteile und zur Aufnahme von lokalen, rechnerisch nicht erfassten Querzugspannungen erforderlich.

2 ALLGEMEINE BEWEHRUNGSRICHTLINIEN (DIN EN 1992-1-1 (/NA),8)

für gerippten Betonstahl, Betonstahlmatten und Spannstahl
unter vorwiegend ruhender Belastung

2.1 GRENZSTABDURCHMESSER ø
UND LICHTE MINDESTABSTÄNDE a (horizontal und vertikal)
ZWISCHEN PARALLELEN EINZELSTÄBEN
ODER LAGEN AUSSERHALB VON STOSSBEREICHEN [a]

	Betonstabstahl	Betonstahlmatten	Stabbündel [c]
	Einzelstäbe	Einzel- und/oder Doppelstäbe [b] (nur in einer Richtung)	Gebündelte Einzelstäbe ($n \leq 3$)
	[mm]	[mm]	[mm]
Stabdurchmesser ø	$6 \leq ø \leq 40$ >32: nur wenn Bauteildicke $\geq 15ø$ und C20/25 bis C80/95	$6 \leq ø \leq 12$ ≤ 14 (nur B500B)	≤ 28 (Normalbeton) ≤ 20 (Leichtbeton)
Vergleichsstabdurchmesser [d] $ø_n = ø\sqrt{n_b}$	–		≤ 55 ≤ 28 (für $\geq$ C70/85)
Mindestabstand a	$\geq \max\{20; ø \text{ bzw. } ø_n\}$ bei Größtkorn des Zuschlags $d_g > 16$ folgt zusätzlich $a_{min} \geq d_g + 5\,mm$		

[a] Für lichte Mindeststababstände in Stoßbereichen siehe ISB-Arbeitsblatt 7.
[b] Im Allgemeinen sind Doppelstäbe in Betonstahlmatten wie Stabbündel zu behandeln, d.h. $ø_n = ø \cdot \sqrt{2}$.
[c] In Leichtbeton erfolgt der Einsatz i.d.R nur auf der Grundlage von Zulassungen.
[d] Für Vergleichsdurchmesser des Ersatzstabes siehe Arbeitsblatt 7 Abschnitt 3.1.5

2.2 BIEGEN VON BETONSTÄHLEN

2.2.1 ALLGEMEINE HINWEISE

- Betonstähle aller Lieferformen sind für das **Biegen** geeignet.
- Das Biegen des Bewehrungsstahls muss mit dafür geeigneten Vorrichtungen erfolgen.
  Um Schädigungen der Bewehrung zu vermeiden, sind Mindestbiegerollendurchmesser einzuhalten.
- Das **Warmbiegen** (Temperatur 500°C oder Rotglut) darf nur unter kontrollierter Erwärmung (Temperaturmessung), nicht mit dem Schneidbrenner und ohne örtliches Aufschmelzen stattfinden. Abkühlen stets in ruhiger Luft, kein Abschrecken mit Wasser! Warmbiegen reduziert die rechnerische Zugfestigkeit um zirka 50%.
- Das **Hin- und Zurückbiegen** stellt für den Betonstahl eine zusätzliche Beanspruchung dar. Da exakte Rückbiegebedingungen meist nicht eingehalten werden, treten starke Kaltverformungen, evtl. sogar Anrisse am Rippenfuß auf. Knickstellen oder gar mechanische Verletzungen sind in jedem Fall zu vermeiden. Es sind zusätzliche Bedingungen einzuhalten.
- Die Begrenzung des Biegerollendurchmessers ist erforderlich, um Betonabplatzungen oder Zerstörungen des Betongefüges im Bereich der Biegung und Biegerisse im Stab infolge des Biegens auszuschließen.

2.2.2 MINDESTWERTE DER BIEGEROLLENDURCHMESSER D_{min}

	Haken, Winkelhaken, Schlaufen, Bügel [$D_{min,1}$]		Schrägstäbe oder andere gebogene Stäbe [$D_{min,2}$]		
	Stabdurchmesser ø		Mindestwerte der Betondeckung rechtwinklig zur Biegeebene		
	< 20 mm	≥ 20 mm	> 100 mm > 7 d_s	> 50 mm > 3 d_s	≤ 50 mm ≤ 3 d_s
Normalbeton	4 ø	7 ø	10 ø	15 ø	20 ø
Leichtbeton nach DIN EN 1992-1-1, 11.8.1	6 ø	10,5 ø	15 ø	22,5 ø	30 ø

2.2.3 MINDESTWERTE DER BIEGEROLLENDURCHMESSER D_{min} FÜR NACH DEM SCHWEIßEN GEBOGENE BEWEHRUNG

	Vorwiegend ruhende Einwirkungen		Nicht vorwiegend ruhende Einwirkungen	
	Schweißung außerhalb des Biegebereiches	Schweißung innerhalb des Biegebereiches	Schweißung auf der Außenseite der Biegung	Schweißung auf der Innenseite der Biegung
für $a < 4\,ø$	20 ø	20 ø	100 ø	500 ø
für $a ≥ 4\,ø$	Werte nach Tabelle 2.2.2			

2.2.4 HIN- UND ZURÜCKBIEGEN VON BETONSTABSTÄHLEN UND BETONSTAHLMATTEN [a]

Bedingungen / Parameter		Kaltbiegen		Warmbiegen
		Hin- und Zurückbiegen	Mehrfachbiegen an derselben Stelle	Hin- und Zurückbiegen
Vorwiegend ruhende Einwirkungen	ø	≤ 14 mm		-
	D_{min}	$\geq 6\,ø$		-
	f_{yd}	$\leq 0{,}8\, f_{yk}/\gamma_s$ [b]		$\leq 250\, N/mm^2/\gamma_s$
	V_{Ed}	$\leq 0{,}30\, V_{Rd,\,max}$ [c] [e] $\leq 0{,}20\, V_{Rd,\,max}$ [d] [e]		-
Nicht vorwiegend ruhende Einwirkungen	ø	≤ 14 mm	Nicht zulässig!	-
	D_{min}	$\geq 15\,ø$		-
	f_{yd}	$\leq 0{,}8\, f_{yk}/\gamma_s$ [b]		$\leq 250\, N/mm^2/\gamma_s$
	$\Delta\sigma_R$	$\leq 50\, N/mm^2$		$\leq 50\, N/mm^2$
	V_{Ed}	$\leq 0{,}30\, V_{Rd,\,max}$ [c] [e] $\leq 0{,}20\, V_{Rd,\,max}$ [d] [e]		-

[a] Verwahrkästen für Betonanschlüsse sind so auszubilden, dass sie weder die Tragfähigkeit noch die Dauerhaftigkeit beeinträchtigen.
[b] Gültig bei linear-elastischer Berechnung der Schnittgrößen; bei nicht-linearen Verfahren der Schnittgrößenermittlung gilt $f_{yd} \leq 0{,}8\, f_{yR}/\gamma_R$
[c] Bei Bauteilen mit Querkraftbewehrung senkrecht zur Bauteilachse
[d] Bei Bauteilen mit Querkraftbewehrung in einem Winkel $a < 90°$ zur Bauteilachse
[e] Der Wert $V_{Rd,\,max}$ darf vereinfachend mit $\theta = 40°$ ermittelt werden

3 KONSTRUKTIONSREGELN FÜR BALKEN UND PLATTENBALKEN (DIN EN 1992-1-1/NA. 9.2)

3.1 ALLGEMEINE HINWEISE / ABGRENZUNGSKRITERIEN

- Breite Balken mit Rechteckquerschnitten $l_{eff}/h \geq 3$ dürfen wie Vollplatten behandelt werden.
- Bei indirekter Lagerung ist stets eine Aufhängebewehrung anzuordnen.

3.2 MINDEST- UND HÖCHSTBEWEHRUNG

	Konstruktive Regeln	Mindestwert	Höchstwert
Längszugbewehrung	siehe Abschnitt 3.3	$A_{s,min} \geq f_{ctm} \cdot W_c / (f_{yk} z)$ a)	$A_{s,max} \leq 0{,}08\, A_c$ b)
Querkraftbewehrung	siehe Abschnitt 3.4	$A_{sw} \geq \rho_{w,min}$ d) $\cdot s \cdot b_w \cdot \sin\alpha$ c)	–
Torsionsbewehrung	siehe Abschnitt 3.5		–
Oberflächenbewehrung	siehe Abschnitt 3.6	$A_{s,surfmin} \geq 0{,}02\, A_{ct,ext}$	–

a) W_c = Widerstandsmoment des ungerissenen Querschnitts
b) Maßgebend auch im Querschnittsbereich mit Übergreifungsstößen
c) Allgemein: $\rho_{w,min} = 0{,}16\, f_{ctm}/f_{yk}$ gegliederte Querschnitte
mit vorgespannten Zuggurt: $\rho_{w,min} = 0{,}256\, f_{ctm}/f_{yk}$

3.3 LÄNGSZUGBEWEHRUNG

- Die untere Mindestbewehrung im Feld ist zwischen den Auflagern durchzuführen. Über Innenauflagern ist die obere Mindestbewehrung in beiden anschließenden Feldern über eine Länge von mindestens einem Viertel der Stützweite einzulegen. Bei Kragarmen muss die Mindestbewehrung über die gesamte Kragarmlänge durchlaufen. Die Mindestbewehrung ist gleichmäßig über die Breite sowie anteilsmäßig über die Höhe der Zugzone zu verteilen.
- Die Zugkraftdeckung ist in den Grenzzuständen der Gebrauchstauglichkeit und der Tragfähigkeit nachzuweisen.
- Bei Annahme frei drehbarer Lagerung muss die Bemessung der Querschnitte am Endauflager für ein Stützmoment $M_s \geq 0{,}25\, M_f$ erfolgen. Die Bewehrung muss, vom Auflagerrand gemessen, mindestens über die 0,25-fache Länge des Endfeldes eingelegt werden.
- Bei einer monolitischen Verbindung zwischen Balken bzw. Platte und Auflager sollte das Bemessungsmoment am Auflagerrand mindestens das 0,65-fache des Vollenspannmomentes betragen.

3.3.1 ANORDNUNG DER LÄNGSBEWEHRUNG ENTLANG DER BAUTEILACHSE (ZUGKRAFTDECKUNGSLINIE)

- Die abzudeckende Zugkraftlinie darf durch eine Verschiebung der für Biegung und Normalkraft ermittelten F_{sd}-Linie um das Versatzmaß a_l bestimmt werden:
  $a_l = z/2\,(\cot\theta - \cot\alpha) \geq 0$
  mit: θ Winkel zwischen Betondruckstreben und Bauteilachse
  α Winkel zwischen Querkraftbewehrung und Bauteilachse

- Bei der Querschnittsbemessung darf für den Betonstahl der ansteigende Ast der Spannungs-Dehnungs-Linie nach Überschreiten der Streckgrenze berücksichtigt werden. Der Grundwert der Verankerungslänge $l_{b,rqd}$ ist dann um den Faktor $\sigma_{su}/(\sigma_{sd}\cdot\gamma_s)$ zu erhöhen (mit σ_{su} = Stahlspannung im Grenzzustand der Tragfähigkeit, vgl. Bild NA.3.8.1)

- Die Zugbewehrung darf bei Plattenbalken- und Hohlkastenquerschnitten in der Platte höchstens auf einer Breite entsprechend der halben mitwirkenden Plattenbreite nach DIN EN 1992-1-1, 5.3.2.1 angeordnet werden. Bei Anordnung der Zugbewehrung außerhalb des Steges erhöht sich a_l jeweils um den Abstand der einzelnen Stäbe vom Steganschnitt.

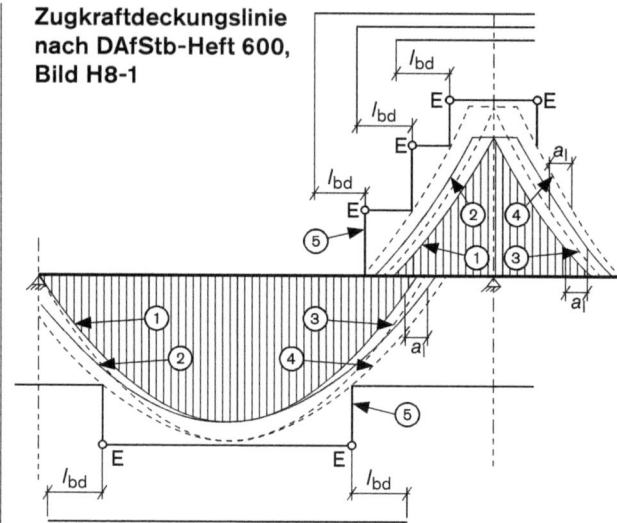

Zugkraftdeckungslinie nach DAfStb-Heft 600, Bild H8-1

Legende:
① Umhüllende für F_{sd} mit $\sigma_{sd} = f_{yd}$
② um a_l verschobene Umhüllende 1)
③ Umhüllende für F_{sd} mit $\sigma_{sd} > f_{yd}$
④ um a_l verschobene Umhüllende 3)
⑤ Zugkraftdeckungslinie

3.3.2 VERANKERUNGSLÄNGEN

- Die Verankerungslängen am End- und Zwischenauflager gelten auch für die Mindestbewehrung.
- Wird keine oder nur eine geringe Einspannung am Auflager angenommen, muss mindestens die 0,25-fache Feldbewehrung über das Auflager geführt werden.
- Die Verankerungslänge beginnt am Auflagerrand. Konstruktive Details (z.B. Dreikantleisten) sind zu berücksichtigen.
- Bei direkter Auflagerung darf der Querdruck berücksichtigt werden.

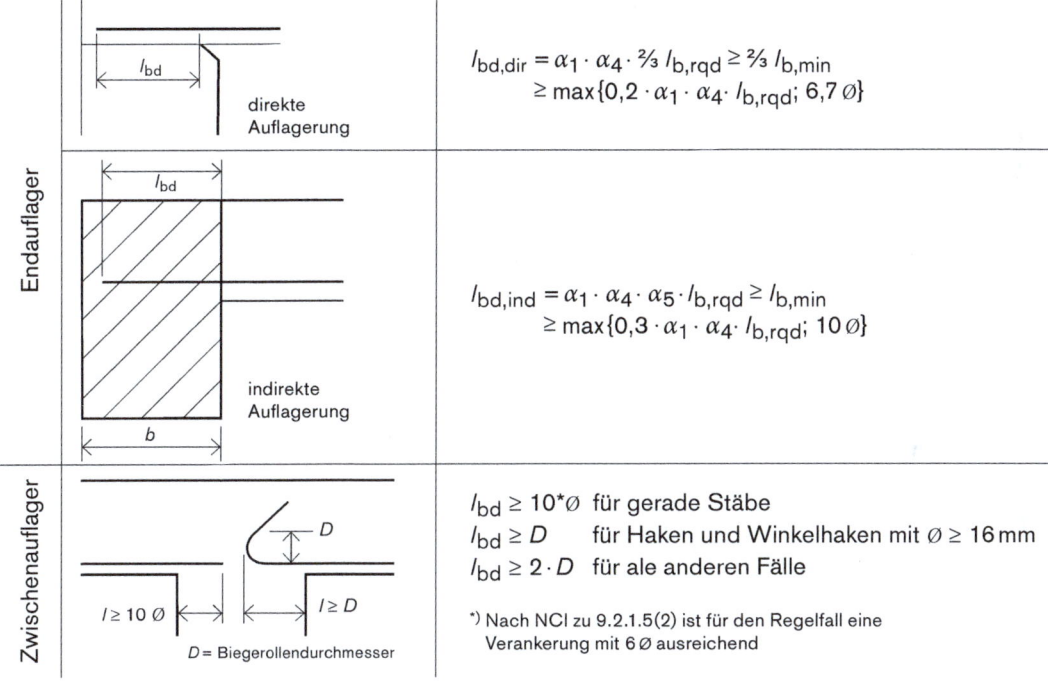

$l_{bd,dir} = \alpha_1 \cdot \alpha_4 \cdot \tfrac{2}{3} \, l_{b,rqd} \geq \tfrac{2}{3} \, l_{b,min}$
$\geq \max\{0{,}2 \cdot \alpha_1 \cdot \alpha_4 \cdot l_{b,rqd};\ 6{,}7\,\emptyset\}$

$l_{bd,ind} = \alpha_1 \cdot \alpha_4 \cdot \alpha_5 \cdot l_{b,rqd} \geq l_{b,min}$
$\geq \max\{0{,}3 \cdot \alpha_1 \cdot \alpha_4 \cdot l_{b,rqd};\ 10\,\emptyset\}$

$l_{bd} \geq 10^*\emptyset$ für gerade Stäbe
$l_{bd} \geq D$ für Haken und Winkelhaken mit $\emptyset \geq 16\,mm$
$l_{bd} \geq 2 \cdot D$ für ale anderen Fälle

*) Nach NCI zu 9.2.1.5(2) ist für den Regelfall eine Verankerung mit $6\,\emptyset$ ausreichend

Muss die Bewehrung über dem Zwischenauflager auch positive Momente aufnehmen können, ist diese durchlaufend auszuführen, z.B. durch gestoßene Stäbe (siehe DIN EN 1992-1-1 Abs. 9.1.2.5 (3)).

3.4 QUERKRAFTBEWEHRUNG

- Die Querkraftbewehrung ist mit einem Winkel von $45° \leq \alpha \leq 90°$ zur Bauteilachse anzuordnen.
- Sie darf aus Kombinationen von die Längszugbewehrung und Druckzone umfassenden Bügeln, aufgebogenen Stäben oder Zulagen, welche die Längsbewehrung nicht umschließen aber ausreichend in Druck- und Zugzone verankert sind, bestehen.
- Mindestens die Hälfte der erforderlichen Querkraftbewehrung muss dabei durch Bügel abgedeckt sein.

3.4.1 QUERKRAFTDECKUNGSLINIE

- In Bereichen ohne Querkraftsprünge und bei an der Oberseite eingetragenen Lasten ist die Querkraftbewehrung entlang der Bauteilachse mit dem Mittelwert von V_{Ed} in diesem Längenabschnitt zu bemessen. Bei unten angehängten Lasten darf die Querkraftdeckungslinie nicht eingeschnitten werden.
- Bei Tragwerken des üblichen Hochbaus darf die Querkraftdeckungslinie nach nebenstehendem Bild abgestuft abgedeckt werden.

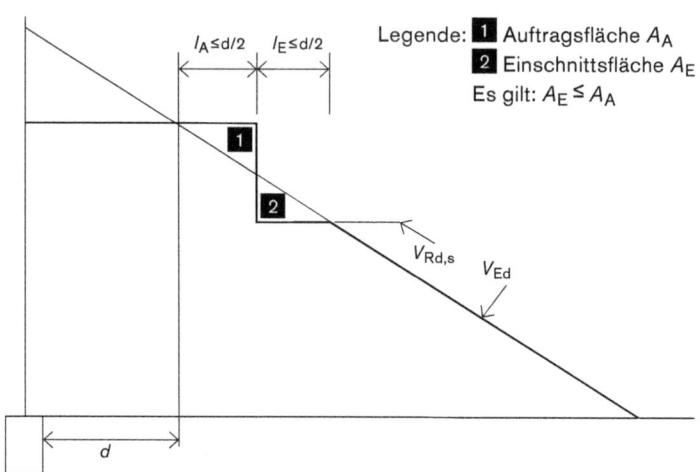

3.4.2 MAXIMALE LÄNGS- UND QUERABSTÄNDE VON BÜGEL-SCHENKELN, QUERKRAFTZULAGEN UND SCHRÄGSTÄBEN

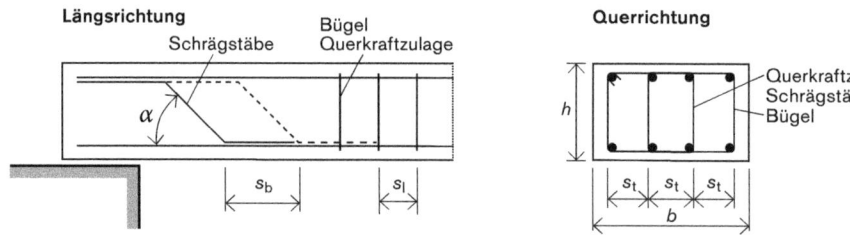

Höchstabstände der Bügel

Querkraftausnutzung a)	Längsabstand $s_{l,max}$ in [mm]		Querabstand $s_{t,max}$ in [mm]	
	≤C50/60	>C50/60	≤C50/60	>C50/60
$V_{Ed} \leq 0{,}3\, V_{Rd,max}$	0,7 h bzw. 300	0,7 h bzw. 200	h bzw. 800	h bzw. 600
$0{,}3\, V_{Rd,max} < V_{Ed} \leq 0{,}6\, V_{Rd,max}$	0,5 h bzw. 300	0,5 h bzw. 200	h bzw. 600	h bzw. 400
$V_{Ed} > 0{,}6\, V_{Rd,max}$	0,25 h bzw. 200			

a) Näherungsweise darf $V_{Rd,max}$ mit $\theta = 40°$ ($\cot\theta = 1{,}2$) ermittelt werden.

Höchstabstand der Schrägstäbe

$s_{b,\,max} = 0{,}5\, h\, (1+ \cot\alpha)$

3.5 TORSIONSBEWEHRUNG

- Torsionsbügel sind in der Regel nach Bild 9.6 DIN EN 1992-1-1 zu schließen und durch Übergreifung zu verankern.
- Torsionsbügel in Balken und in Stegen von Plattenbalken dürfen nach DIN EN 1992-1-1, Bild NA.8.5 e), g) oder h) geschlossen werden. Die Hakenlänge a) nach Bild NA.8.5 e) ist dabei auf $10\,\varnothing$ zu vergrößern.
- Die Längsstäbe sind im Allgemeinen gleichmäßig über den Umfang innerhalb der Bügel zu verteilen.

3.5.1 MAXIMALER ABSTAND VON TORSIONSBEWEHRUNG

Max. Bügelabstand in Längsrichtung:	Max. Abstand der Längsstäbe:	
$s_l \leq$ Werte Tabelle 3.4.2 (siehe oben) $\leq u/8$ $\leq \min\{b;h\}$	$s_l \leq 35$ cm	für rechteckige (allgemein) und polygonal umrandete Querschnitte gilt zudem mindestens 1 Längsstab je Ecke.

3.6 OBERFLÄCHENBEWEHRUNG BEI GROßEN STABDURCHMESSERN ($\varnothing$ bzw. $\varnothing_n > 32$ mm) nach DIN EN 1992-1-1, 8.8 und Anhang J (normativ)

- Zur Vermeidung von Betonabplatzungen und zur Begrenzung der Rissbreiten ist bei Bauteilen mit Stabdurchmessern $\varnothing$ bzw. $\varnothing_n > 32$ mm eine Oberflächenbewehrung erforderlich.
- Der Durchmesser der Oberflächenbewehrung sollte ≤ 10 mm betragen.
- Die Oberflächenbewehrung ist als Netzbewehrung aus Betonstahlmatten oder Stäben außerhalb der Bügel liegend anzuordnen (siehe nebenstehendes Bild).
- Mindestbetondeckung siehe DIN EN 1992-1-1, Abschnitt 4.4.1.2.
- Die Netzbewehrung ist auf die statisch erforderliche Bewehrung anrechenbar, wenn die Regelungen für die Anordnung und Verankerung dieser Bewehrung erfüllt sind.

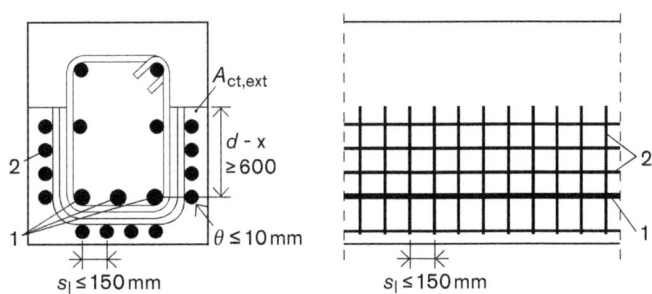

1 Einzelstäbe oder Stabbündel mit $\varnothing$ bzw. $\varnothing_n > 32$ mm
2 Oberflächenbewehrung $A_{s,\mathrm{surf}} \geq 0{,}02\,A_{\mathrm{ctex}}$

4 KONSTRUKTIONSREGELN FÜR VOLLPLATTEN (DIN EN 1992-1-1, 9.3)

4.1 ALLGEMEINE HINWEISE

- Rechteckquerschnitte mit $l_{eff}/h > 3$ und $b/h \geq 5$ dürfen wie Vollplatten behandelt werden (DIN EN 1992-1-1/NA, NCI Zu 9.3). Eine Mindestquerkraftbewehrung nach DIN EN 1992-1-1, NCI Zu 9.3.2 (2) ist für Platten mit $b/h \leq 5$ erforderlich.

4.1.1 MINDESTDICKEN FÜR VOLLPLATTEN AUS ORTBETON

ohne Querkraftbewehrung (NCI Zu 9.3.1.1 (NA.5))	mit Querkraftbewehrung (aufgebogenen)	mit Querkraftbewehrung (Bügel) oder Durchstanzbewehrung
≥ 70 mm	≥ 160 mm	≥ 200 mm

4.2 MINDEST- UND HÖCHSTBEWEHRUNG

			Konstruktive Regeln	Mindestwert	Höchstwert
Längs- (Haupt-)bewehrung			siehe Abschnitt 4.3	$A_{sl} \geq f_{ctm} W_c / (f_{yk} z)$	$A_{sl} \leq 0{,}08 A_c$
Querbewehrung			siehe Abschnitt 4.3	$A_{sq} \geq 0{,}2$ erf. A_{sl} a)	-
Querkraftbewehrung	$b/h > 5$	$V_{Ed} \leq V_{Rd,c}$		keine Querkraftbewehrung erforderlich!	
		$V_{Ed} > V_{Rd,c}$	siehe Abschnitt 4.4	$A_{sw} \geq 0{,}6 \cdot \min \rho_w$ c)$\cdot s_w \cdot b_w \cdot \sin\alpha$	-
	$5 \geq b/h \geq 4$	$V_{Ed} \leq V_{Rd,c}$	siehe Abschnitt 4.4	$b/h \geq 5 \quad A_{sw} \geq 0$ b) $b/h = 4 \quad A_{sw} \leq 1{,}0 \cdot \min \rho_w$ c)$\cdot s_w \cdot b_w \cdot \sin\alpha$ b)	-
		$V_{Ed} > V_{Rd,c}$		$b/h \geq 5 \quad A_{sw} \geq 0{,}6 \cdot \min \rho_w$ c)$\cdot s_w \cdot b_w \cdot \sin\alpha$ b) $b/h = 4 \quad A_{sw} \leq 1{,}0 \cdot \min \rho_w$ c)$\cdot s_w \cdot b_w \cdot \sin\alpha$ b)	-
Drillbewehrung			siehe Abschnitt 4.5	-	-
Durchstanzen	$V_{Ed} \leq V_{Rd,ct}$		keine Durchstanzbewehrung erforderlich!		
	$V_{Ed} > V_{Rd,ct}$		siehe Abschnitt 4.6	-	-

a) In zweiachsig gespannten Platten darf die Bewehrung statisch in der minderbeanspruchten Richtung nicht weniger als 20% der statisch erforderlichen Bewehrung in der höher beanspruchten Richtung betragen.

b) Zwischenwerte dürfen linear interpoliert werden.

c) Mindestbewehrungsgrad der Querkraftbewehrung
Allgemein: $\min \rho_w = 1{,}0 \cdot \rho$
Gegliederte Querschnitte mit vorgespanntem Zuggurt: $\min \rho_w = 1{,}6 \cdot \rho$
mit $\rho = 0{,}16 f_{ctm} / f_{yk}$

4.3 LÄNGS- UND QUERBEWEHRUNG

- Die Prinzipien und Anwendungsregeln des Abschnittes 3.3 gelten sinngemäß für ein- und zweiachsig gespannte und punktförmig gestützte Platten, sofern nicht im folgenden Abweichungen festgelegt sind.
- Entlang eines freien (ungestützten) Randes ist eine Längs- und Querbewehrung anzuordnen (siehe nebenstehendes Bild).
- Bei Fundamenten und innenliegenden Bauteilen des üblichen Hochbaus kann diese Bewehrung entfallen.

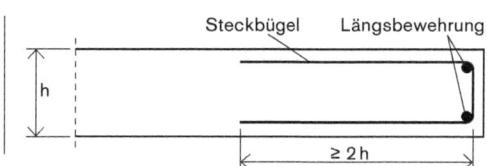

4.3.1 ANORDNUNG DER LÄNGSBEWEHRUNG ENTLANG DER BAUTEILACHSE (ZUGKRAFTDECKUNGSLINIE)

- Das Versatzmaß bei Platten ohne Querkraftbewehrung beträgt stets $a_l = 1{,}0\,d$.

4.3.2 VERANKERUNG IM BEREICH VON STÜTZUNGEN

- An Endauflagern ist mindestens 50% der maximalen Feldbewehrung zu verankern.
- Auch bei frei drehbar angenommenen Endauflagern ist eine obere Stützbewehrung mit $A_{s,St} = 0{,}25 \ast A_{s,Feld,max}$ mit der 0,2-fachen Länge des Endfeldes anzuordnen.
- Bei punktförmig gestützten Platten ist im Bereich von Innen- und Randstützen ein Teil der Feldbewehrung über diese hinweg zu führen bzw. zu verankern. Die Bewehrung ist im Bereich von Stützenkopfverstärkungen in der Platte anzuordnen. Die erforderliche Querschnittsfläche der Bewehrung beträgt $A_s = V_{Ed} / f_{yk}$. Der Bemessungswert V_{Ed} der in die Platte eingeleiteten Querkraft ist hierbei zu ermitteln mit $\gamma_F = 1{,}0$.
- Auf diese Abreißbewehrung beim Durchstanzen darf bei elastisch gebetteten Bodenplatten verzichtet werden.

4.3.3 GRÖßTE STABABSTÄNDE DER LÄNGS- UND QUERBEWEHRUNG

Plattendicke	Längsbewehrung $s_{max,slabs}$ [mm][a]	Querbewehrung $s_{max,slabs}$ [mm]	
$h \geq 250$ mm	250	250	[a] Zwischenwerte sind linear zu interpolieren.
$h \leq 150$ mm	150		

4.4 QUERKRAFTBEWEHRUNG

- Die Prinzipien und Anwendungsregeln des Abschnittes 3.4 gelten sinngemäß für ein- und zweiachsig gespannte und punktförmig gestützte Platten, sofern nicht im folgende Abweichungen festgelegt sind.
- In Platten mit $|V_{Ed}| \leq 0{,}33\, V_{Rd,max}$ dürfen Schrägstäbe und Querkraftzulagen ohne Bügel verwendet werden. Ansonsten sind 50% der aufnehmenden Querkraft durch eine Bügelbewehrung abzudecken.

4.4.1 GRÖSSTE LÄNGS- UND QUERABSTÄNDE VON BÜGELSCHENKELN, QUERKRAFTZULAGEN UND SCHRÄGSTÄBEN

Querkraftausnutzung	Längsabstand s_{max} [mm][a]	Querabstand s_{max} [mm]
$V_{Ed} \leq 0{,}30\ V_{Rd,max}$	$0{,}7\,h$	
$0{,}30\ V_{Rd,max} < V_{Ed} \leq 0{,}60\ V_{Rd,max}$	$0{,}5\,h$	h
$V_{Ed} > 0{,}60\ V_{Rd,max}$	$0{,}25\,h$	

[a] größter Längsabstand für aufgebogene Schrägstäbe: $s_{max} = h$

4.5 ECKBEWEHRUNG

- Werden die Schnittgrößen in einer Platte unter Ansatz der Drillsteifigkeit ermittelt, so ist die Bewehrung in den Plattenecken unter Berücksichtigung des Drillmoments zu bemessen.
- Die Drillbewehrung darf durch eine parallel zu den Seiten verlaufende obere und untere Netzbewehrung in den Plattenecken ersetzt werden, die in jeder Richtung die gleiche Querschnittsfläche wie die Feldbewehrung und mindestens eine Länge von 0,3 min, l_{eff} hat (siehe nebenstehendes Bild).
- Stoßen in Plattenecken ein frei aufliegender und ein eingespannter Rand zusammen, so sollte 50 % der vorgenannten Netzbewehrung rechtwinklig zum freien Rand eingelegt werden.
- In Plattenecken von vierseitig gelagerten Platten, deren Schnittgrößen als einachsig gespannt oder unter Vernachlässigung der Drillsteifigkeit ermittelt wurden, sollte 100 % der vorgenannten Netzbewehrung eingelegt werden.
- In Platten mit Randbalken oder benachbarten, biegefest verbundenen Deckenfeldern brauchen die zugehörigen Drillmomente nicht nachgewiesen und keine Drillbewehrung angeordnet werden.

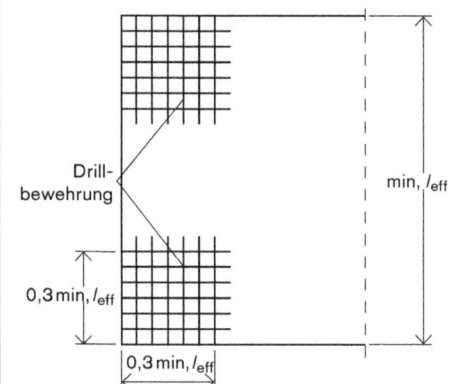

Rechtwinklige Eckbewehrung auf der Ober- und Unterseite von Platten

4.6 DURCHSTANZBEWEHRUNG

Die Regelungen zur Anordnung einer Durchstanzbewehrung mit vertikalen Bügelschenkeln und Schrägstäben ist dem nachfolgenden Bild zu entnehmen.

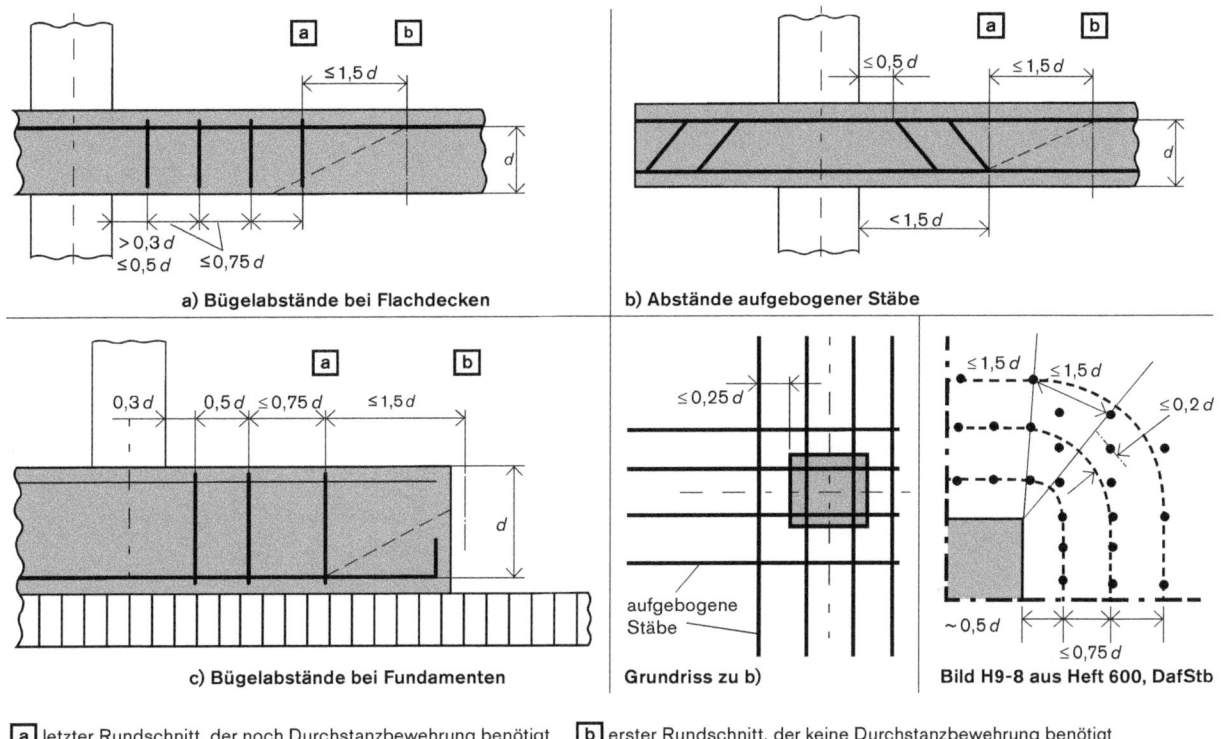

a letzter Rundschnitt, der noch Durchstanzbewehrung benötigt   b erster Rundschnitt, der keine Durchstanzbewehrung benötigt

- Die Stabdurchmesser einer Durchstanzbewehrung sind auf die vorhandene mittlere statische Nutzhöhe d der Platte abzustimmen mit:
  $\varnothing \leq 0{,}05\,d$ für Bügel $\qquad \varnothing \leq 0{,}08\,d$ für Schrägstäbe. (vgl. NCI Zu 9.4.3 (1))
- Wird eine Durchstanzbewehrung erforderlich, so ist eine Mindestbewehrung wie folgt zu berücksichtigen:
$$A_{sw,min} = A_s \cdot \sin\alpha = \frac{0{,}08}{1{,}5} \cdot \frac{\sqrt{f_{ck}}}{f_{yk}} \cdot s_r \cdot s_t$$
- Ist bei Bügeln als Durchstanzbewehrung rechnerisch nur eine Bewehrungsreihe erforderlich, so ist in der Regel eine zweite Reihe mit der Mindestbewehrung vorzusehen. Dabei ist $s = 0{,}75\,d$ anzunehmen.

5 KONSTRUKTIONSREGELN FÜR STÜTZEN (DIN EN 1992-1-1, 9.5)

5.1 ALLGEMEINE HINWEISE

Stabförmige Druckglieder mit **b ≤ 4 h** gelten als Stütze und Bauteile mit **b > 4 h** als Wände (mit b = größte Querschnittsbreite und h = kleinste Querschnittsbreite).

5.1.1 MINDESTABMESSUNGEN FÜR STÜTZEN MIT VOLLQUERSCHNITT

Stehend betonierte Ortbetonstützen	$h \geq 200$ mm
Liegend betonierte Fertigteilstützen	Keine Festlegung

5.2 MINDEST- UND HÖCHSTBEWEHRUNG

	Konstruktive Regeln	Mindestwert	Höchstwert
Längsbewehrung	siehe Abschnitt 5.3	$A_{s,min} \geq 0{,}15 \, |N_{Ed}|/f_{yd}$	$A_{s,max} \leq 0{,}09 \, A_c$ [a]
Querbewehrung			-

[a] Auch im Bereich von Übergreifungsstößen.

5.3 LÄNGS- UND QUERBEWEHRUNG

- Der Durchmesser der Längsbewehrung darf nicht kleiner als $\varnothing_{min} = 12$ mm sein.
- Die Längsbewehrung in Stützen muss durch Querbewehrung umschlossen werden.
- Der Abstand der Längsstäbe sollte ≤ 300 mm sein.
- Die Querbewehrung ist ausreichend zu verankern.
- Der Durchmesser der Querbewehrung muss mindestens ¼ ⌀ der Längsbewehrung, jedoch mindestens 6 mm betragen.
- Bügel sind in der Regel mit Haken zu schließen. Der Biegewinkel muss dabei $\alpha = 150°$ sein.
- Sollen Bügel mit Winkelhaken ($\alpha = 90°$) geschlossen werden, ist der Widerstand gegen das Abplatzen der Betondeckung durch Versetzen der Bügelschlösser entlang der Stütze sowie mindestens eine weitere der folgenden Maßnahmen zulässig:
  - Vergrößerung des Mindestbügeldurchmessers um mindestens 2 mm;
  - Vergrößerung der Winkelhakenlänge von 10 ⌀ auf 15 ⌀;
  - Halbierung der erforderlichen Bügelabstände;
  - angeschweißte Querstäbe (Bügelmatten).

5.3.1 GRENZSTABDURCHMESSER

Längsbewehrung	Querbewehrung (Bügel, Schlaufen oder Wendel)	
$Ø_{min}$ = 12 mm	min $Ø_w$	≥ 6 mm [a), b)] ≥ 0,25 max $Ø$

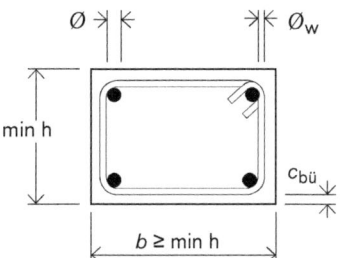

a) Bei Verwendung von Betonstahlmatten als Bügelbewehrung muss der Bügeldurchmesser mind. 5 mm betragen.

b) Bei Verwendung von Stäben mit $Ø$ > 32 mm und Stabbündeln mit $Ø_n$ ≥ 28 mm als Druckbewehrung muss der Bügeldurchmesser mindestens 12 mm betragen.

5.3.2 MINDESTSTABABSTÄNDE

Stützenquerschnitte	Längsbewehrung	Querbewehrung (Bügel, Schlaufen oder Wendel)	
rechteckig (allgemein) / polygonal	s ≤ 300 mm und mind. 1 Stab je Ecke	$s_{cl,tmax}$	≤ 12 min $Ø_l$
rechteckig (b ≤ 400 mm)	mind. 1 Stab je Ecke		≤ min b bzw. $Ø_{Stütze}$
kreisförmig	s ≤ 300 mm und mind. 6 Stäbe		≤ 300 mm

- Je Ecke dürfen bis zu 5 Stäbe durch einen Bügel gegen Knicken gesichert werden (siehe nebenstehendes Bild). Weitere Längsstäbe und solche, deren Abstand vom Eckbereich ≥ 15 $Ø_w$ überschreitet, sind durch eine zusätzliche Querbewehrung zu sichern, die höchstens im doppelten Abstand der Querbewehrung des Regelbereichs angeordnet sein darf.

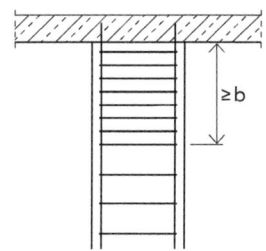

- Unmittelbar über und unter Balken oder Platten auf einer Höhe gleich der größeren Stützenabmessung (siehe nebenstehendes Bild) und bei Übergreifungsstößen der Längsstäbe mit $Ø$ > 14 mm ist s_w mit dem Faktor 0,6 zu vermindern.
- Wenn im Grenzzustand der Tragfähigkeit der Stützenquerschnitt im Bereich des Übergreifungsstoßes überwiegend biegebeansprucht wird, ist die Querbewehrung nach Arbeitsblatt 7, Abschnitt 3.1.3 anzuordnen (vgl. Heft 600).

6 KONSTRUKTIONSREGELN FÜR TRAGENDE STAHLBETONWÄNDE, UNBEWEHRTE WÄNDE, WANDARTIGE TRÄGER UND SANDWICHTAFELN (DIN EN 1992 1-1, 9.6 und 9.7)

6.1 ALLGEMEINE HINWEISE

- Die Konstruktionsregeln gelten für **tragende Stahlbetonwände,** bei denen die Bewehrung im Grenzzustand der Tragfähigkeit berücksichtigt wird. Druckglieder mit $b > 4h$ gelten als Wände wobei $b \geq h$ ist. Für Wände mit überwiegender Biegung senkrecht zu ihrer Ebene gelten die Regeln für Platten (siehe Kapitel 4 des Arbeitsblattes).
- Für **Halbfertigteile** gelten die Allgemeinen Bauaufsichtlichen Zulassungen.
- Bei der Bemessung von **Sandwichtafeln** nach DIN EN 1992-1-1/NA, NCI NA.10.9.9 müssen die Einflüsse von Temperatur, Feuchtigkeit, Austrocknen und Schwinden in ihrem zeitlichen Verlauf berücksichtigt werden. In Sandwichtafeln sind ausschließlich bauaufsichtlich zugelassene, korrosionsbeständige Werkstoffe für die Verbindung der einzelnen Schichten zu verwenden.
- **Unbewehrte Wände** sind nach DIN EN 1992-1-1, 12 zu bemessen. Aussparungen, Schlitze, Durchbrüche und Hohlräume sind bei der Bemessung der Wände zu berücksichtigen, mit Ausnahme von lotrechten Schlitzen sowie lotrechten Aussparungen und Schlitzen von Wandanschlüssen, die Regelungen für Einstemmen genügen (siehe DIN EN 1992-1-1/NA, NCI Zu 12.9.1 (2)).

6.1.1 MINDESTWANDDICKEN

Festigkeitsklasse des Betons	Herstellung	Unbewehrter Beton		Stahlbeton	
		Decken über Wänden [mm]		Decken über Wänden [mm]	
		nicht durchlaufend	durchlaufend	nicht durchlaufend	durchlaufend
C12/15 oder LC12/13	Ortbeton	200	140	-	-
ab C16/20 oder LC16/18	Ortbeton	140	120	120	100
	Fertigteil[a]	120	100	100	80

[a] Mindestdicke für Trag- und Vorsatzschicht von Sandwichtafeln ≥ 7 cm.

6.2 MINDEST- UND HÖCHSTBEWEHRUNG

			Allgemein	Wände $\|N_{Ed}\| \geq 0{,}3\,f_{cd}\,A_c$ bzw. schlanke Wände nach DIN EN 1992-1-1, 5.8.3.1	Wandartige Träger	Sandwichtafeln (tragende Schicht) [c]
Lotrechte Bewehrung	(siehe 6.3)	Mindestwerte	$0{,}15\,N_{Ed}/f_{yd}$ [a] > $0{,}0015\,A_c$ [a]	$0{,}003\,A_c$ [a]	$1{,}5\,\text{cm}^2/\text{m}$ [b] bzw. $0{,}00075\,A_c$ [b]	$\geq 1{,}3\,\text{cm}^2/\text{m}$ [b]
		Höchstwerte	$0{,}04\,A_c$ [a] [d]		-	-
Horizontale Bewehrung		Mindestwerte	$0{,}2\,A_{s,v}$ [e]	$0{,}5\,A_{s,v}$ [e]	$1{,}5\,\text{cm}^2/\text{m}$ [b] bzw. $0{,}00075\,A_c$ [b]	$\geq 1{,}3\,\text{cm}^2/\text{m}$ [b]
Querbewehrung (siehe 6.4)		$A_{sl} \leq 0{,}02\,A_c$	Verbindung der außenliegenden Bewehrungsstäbe, z.B. durch S-Haken			-
		$A_{sl} > 0{,}02\,A_c$	Bügel nach Kapitel 5			-
Randbewehrung		$A_{sl} < 0{,}003\,A_c$	-			im Allgemeinen nicht erforderlich
		$A_{sl} \geq 0{,}003\,A_c$	an freien Rändern Sicherung der Eckstäbe durch Steckbügel			

[a] Gesamtquerschnittsfläche der Bewehrung je Wand. Die Hälfte dieser Bewehrung sollte an jeder Außenseite liegen.
[b] Querschnittsfläche der Bewehrung je Wandseite.
[c] In der Vorsatzschicht einer Sandwichtafel darf die Bewehrung einlagig angeordnet werden.
[d] Im Bereich von Übergreifungsstößen darf der Maximalwert auf $0{,}08\,A_c$ verdoppelt werden.
[e] Der Durchmesser muss mindestens ein Viertel des Durchmessers der lotrechten Stäbe betragen.

6.3 LOTRECHTE UND HORIZONTALE BEWEHRUNG

- Die waagerechte, parallel zu den Wandaußenseiten und zu den freien Kanten verlaufende Bewehrung sollten außenliegend vorgesehen werden.

6.3.1 MINDESTSTABABSTÄNDE

	Lotrechte Bewehrung	Horizontale Bewehrung
Wände und wandartige Träger	$\leq 2h$ bzw. $\leq 300\,mm$ mit h = Wanddicke	$\leq 350\,mm$

6.4 QUERBEWEHRUNG
6.4.1 GESAMTQUERSCHNITT DER VERTIKALEN BEWEHRUNG > 0,02 A_c

- Es ist eine Querbewehrung mit Bügeln nach den Bestimmungen für Stützen einzulegen (vgl. Abschnitt 5.3). Die Abstände sind um den Faktor 0,6 unmittelbar über und unter aufliegenden Platten über eine Höhe gleich der 4-fachen Wanddicke zu vermindern.

6.4.2 GESAMTQUERSCHNITT DER VERTIKALEN BEWEHRUNG ≤ 0,02 A_c

- Die außenliegenden Bewehrungsstäbe beider Wandseiten sind an mindestes vier versetzt angeordneten Stellen je m² Wandfläche zu verbinden, z.B. durch S-Haken.
- S-Haken dürfen bei Tragstäben mit $\varnothing \leq 16\,mm$ entfallen, wenn deren Betondeckung mindesten $2\varnothing$ beträgt; in diesem Fall und stets bei Betonstahlmatten dürfen die druckbeanspruchten Stäbe außen liegen.
- Bei dicken Wänden müssen die außenliegenden Bewehrungsstäbe an mindestens vier versetzt angeordneten Stellen je m² Wandfläche im Inneren der Wand verankert werden, wobei die freien Bügelenden die Verankerungslänge $0,5\,l_{b,rqd}$ haben müssen.
- Die Eckstäbe von Wänden mit einer Bewehrung $A_s \geq 0,003\,A_c$ je Wandseite müssen an freien Rändern durch Steckbügel nach Abschnitt 4.3 gesichert werden.

7 KONSTRUKTIONSREGELN FÜR VORGEFERTIGTE BAUTEILE (DIN EN 1992-1-1.10)
7.1 ALLGEMEINE HINWEISE

- Für allgemeine Konstruktionsregeln zu Fertigteilstützen siehe Abschnitt 5 dieses Arbeitsblatts.
- Für allgemeine Konstruktionsregeln zu Fertigteilwänden siehe Abschnitt 6 dieses Arbeitsblatts.

7.2 VORGEFERTIGTE DECKENSYSTEME

- Für vorgefertigte Deckenplatten gelten die Regelungen der DIN EN1992-1-1, 10.9.3 (siehe Abschnitt 4 dieses Arbeitsblattes) sofern im folgenden nicht abweichend festgelegt. Ziegeldecken sind in DIN 1045-100 geregelt.

7.2.1 QUERVERTEILUNG DER LASTEN

- Die Querverteilung der Lasten zwischen nebeneinander liegenden Deckenelementen muss durch geeignete Verbindungen zur Querkraftübertragung gesichert sein, z.B.:
  - ausbetonierte Fugen mit oder ohne Querbewehrung
  - Schweiß- oder Bolzenverbindungen
  - bewehrter Aufbeton
- Die Querverteilung von Punkt- oder Linienlasten ist durch Berechnung oder Versuche nachzuweisen.

Deckenverbindungen zur Querkraftübertragung

a) verzahnte Vergussfuge
b) verschweißte Fuge

7.2.2 SCHEIBENWIRKUNG

- Eine aus Fertigteilen zusammengesetzte Decke gilt als tragfähige Scheibe, wenn sie im endgültigen Zustand eine zusammenhängende, ebene Fläche bildet, die Einzelteile der Decke in Fugen druckfest miteinander verbunden sind und wenn in der Scheibenebene wirkende Beanspruchung (z.B. aus Stützenschiefstellung und Windeinwirkung) durch Bogen oder Fachwerkwirkung zusammen mit den dafür bewehrten Randgliedern (Ringankern, siehe DIN EN 1992-1-1, 9.10.2) und Zugankern aufgenommen werden können.
- Die zur Fachwerkwirkung erforderlichen Zuganker müssen durch Bewehrungen gebildet werden, die in den Fugen zwischen den Fertigteilen oder gegebenenfalls in der Ortbetonergänzung verlegt und in den Randgliedern nach DIN EN 1992-1-1, 8.4 verankert und nach 8.7 gestoßen werden. Die Bewehrung der Randglieder und Zuganker ist rechnerisch nachzuweisen.
- Fugen, die von Druckstreben des Ersatztragwerks (Bogen oder Fachwerk) gekreuzt werden, müssen nach DIN EN 1992-1-1, 6.2.5 bzw. ISB-Arbeitsblatt 4 nachgewiesen werden. Wird aufgrund der Bemessung eine Verzahnung in Scheibenebene erforderlich, so kann diese nach obenstehendem Bild ausgeführt werden.

Fugenverzahnung

7.3 NACHTRÄGLICH MIT ORTBETON ERGÄNZTE DECKENPLATTEN

- Für nachträglich mit Ortbeton ergänzte Deckenplatten gelten die Regelungen des Abschnittes 4.
- Werden die Fertigteile als Verbundbauteile nach DIN EN 1992-1-1, 6.2.5 hergestellt, muss die Ortbetonschicht nach DIN EN 1992-1-1, 10.9.3 (8) mindestens eine Dicke von **40 mm** aufweisen.
- Die Querbewehrung darf entweder in den Fertigteilen oder im Beton liegen, wobei die bauliche Durchbildung mit dem statischen System überinstimmen muss (z.B. zweiachsig gespannte Decke).

7.3.1 QUERVERTEILUNG DER LASTEN

- Bei zweiachsig gespannten Platten darf für die Beanspruchung rechtwinklig zur Fuge nur die Bewehrung berücksichtigt werden, die durchläuft oder entsprechend nachfolgendem Bild gestoßen ist. Voraussetzung hierfür ist, dass der Durchmesser der Bewehrungsstäbe $\emptyset \leq 14$ mm, der Bewehrungsquerschnitt $a_s \leq 10\,\text{cm}^2/\text{m}$ und der Bemessungswert der Querkraft $V_{Ed} \leq 0{,}3\,V_{Rd,max}$ ist.
- Der Stoß ist durch Bewehrung (z.B. Gitterträger, Bügel) im Abstand höchstens der zweifachen Deckendicke zu sichern. Der Betonstahlquerschnitt dieser Bewehrung im fugenseitigen Stoßbereich ist dabei für die Zugkraft der gestoßenen Längsbewehrung zu bemessen.
- Bei Gitterträgern sind die bauaufsichtlichen Zulassungen zu beachten.

Stoß der Querbewehrung

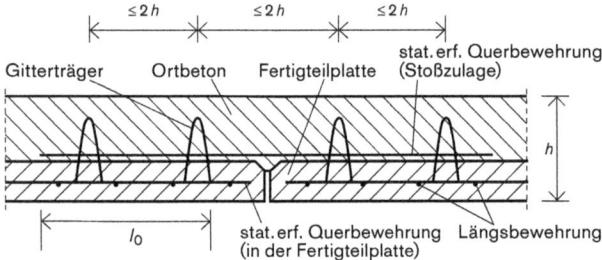

Stoß der Längsbewehrung

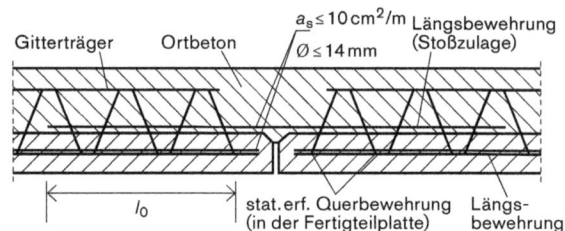

7.3.2 SCHEIBENWIRKUNG

Entsprechend den Regelungen im Abschnitt 7.2.2.

7.3.3 DRILLBEWEHRUNG

- Die günstige Wirkung der Drillsteifigkeit darf bei der Schnittgrößenermittlung nur berücksichtigt werden, wenn sich innerhalb des Drillbereichs von **0,3 l** ab der Ecke keine Stoßfuge der Fertigteilplatten befindet oder wenn die Verbundbewehrung im Abstand von höchstens **100 mm** vom Fugenrand gesichert wird. Die Aufnahme der Drillmomente ist nachzuweisen (vgl. (NA.15)P).
- In Platten mit Randbalken oder benachbarten, biegefest verbundenen Deckenfeldern, brauchen die zugehörigen Drillmomente nicht nachgewiesen und keine Drillbewehrung angeordnet werden (DIN 1992-1-1/NA, NCI Zu 10.9.3 (NA.16)
- Eine Verbundsicherungsbewehrung von mindestens 6 cm^2/m ist an Endauflagern ohne Wandauflast entlang der Auflagerlinie anzuordnen. Diese sollte auf einer Breite von 0,75 m angeordnet werden (vgl. (NA.17)P).
- Werden an Fertigteilplatten mit Ortbetonergänzung dauerhaft und planmäßig Lasten angehängt, so sollte die Verbundsicherung im Lasteinleitungsbereich nachgewiesen werden (vgl. (NA.18)).

7.4 VERBINDUNG UND AUFLAGERUNG VON FERTIGTEILEN

- Verbindungen müssen so bemessen werden, dass sie allen Einwirkungen widerstehen, wobei die Annahmen zu berücksichtigen sind, die für die Schnittgrößenermittlung des Tragwerkes und für die Bemessung der einzelnen, zu verbindenden Bauteile getroffen wurden. Die Bemessung muss sicherstellen, dass die Verbindung zur Aufnahme der relativen Verschiebung so dimensioniert ist, dass der Tragwiderstand aktiviert und ein robustes Tragwerksverhalten sichergestellt ist.
- Die Verbindungen müssen weiterhin so bemessen werden, dass ein vorzeitiges Reißen oder Abplatzen des Betons an den Enden der Bauteile vermieden wird.
- Verbindungen sollten unter Beachtung von Toleranzen, Anforderungen an die Montage, einfache Ausführ- und Überprüfbarkeit geplant werden.

7.4.1 WAND-DECKEN-VERBINDUNGEN

- Stehen Wandelemente auf Deckenplatten, ist i. d. R. Bewehrung für eventuelle Lastausmitten und erhöhten Normalspannungen am Wandende vorzusehen.
- Wird eine Fertigteilwand auf einer Fuge zwischen zwei Deckenplatten oder auf einer Deckenplatte angeordnet, die vollständig mit einer Außenwand verbunden ist (siehe nebenstehendes Bild), und fehlen andere wirksame Maßnahmen, sind höchstens 50 % des lastabtragenden Querschnitts der Wand für die Bemessung als mitwirkend anzusetzen. Die Verbindung ist in geeigneter Weise auszubilden.

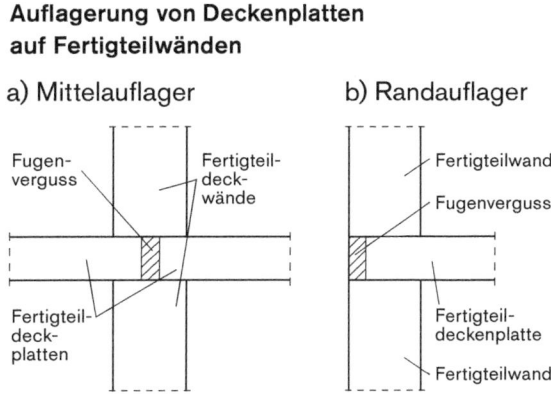

Auflagerung von Deckenplatten auf Fertigteilwänden
a) Mittelauflager   b) Randauflager

- 60 % des lastabtragenden Querschnitts dürfen in Rechnung gestellt werden, wenn die Festlegungen nach DIN EN 1992-1-1/NA, NCI Zu 10.9.2 (2) und Bild NA.10.1 eingehalten werden.

7.4.2 SONSTIGE REGELUNGEN

- Druckfugen siehe DIN EN 1992-1-1, 10.9.4.3
- Verbindungen zur Querkraft-Übertragung siehe DIN EN 1992-1-1, 10.9.4.4
- Biegesteife und zugfeste Verbindungen siehe DIN EN 1992-1-1, 10.9.4.5
- Lagerungsbereiche siehe DIN EN 1992-1-1, 10.9.5

8 BESONDERE BESTIMMUNGEN
8.1 STABWERKSMODELLE UND KRAFTEINLEITUNGSBEREICHE
8.1.1 DRUCKKRÄFTE

- Wenn eine oder mehrere konzentrierte Kräfte in ein Bauteil eingeleitet werden, ist eine örtliche Zusatzbewehrung vorzusehen, welche die durch diese Kräfte hervorgerufenen Spaltzugkräfte aufnimmt.
- In Bereichen mit mehraxialem Druck darf ein höherer Bemessungswert der Festgkeit angesetzt werden.

8.1.2 ZUGKRÄFTE

- Bei Zugkräften sind die Rückverankerungen aus Betonstahl mit der erforderlichen Verankerungslänge l_{bd} nach DIN 1992-1-1, 8.4 im lastabgewandten Querschnittsteil vom Rand des Knotens zu verankern (bei Querzugspannungen NCI Zu 8.4.4 (2) beachten) oder nach DIN EN 1992-1-1, 8.7 mit l_0 zu stoßen.

8.2 UMLENKKRÄFTE

- In Bereichen mit Richtungsänderungen von inneren Zug- oder Druckkräften muss die Aufnahme der entstehenden Umlenkkräfte sichergestellt werden.
- Für die Bewehrungsführung in Rahmenecken wird auf DAfStb Heft 599 verwiesen.

8.3 INDIREKTE AUFLAGERUNGEN

- Eine indirekte Lagerung ist vorhanden, wenn $h_1 - h_2 < h_2$ ist (NA 1.5.2.26).
- Bei indirekter Auflagerung eines Bauteils muss im Kreuzungsbereich der Bauteile eine Aufhängebewehrung vorgesehen werden, die die wechselseitigen Auflagerreaktionen vollständig aufnehmen kann: Summe der Aufhängebewehrung: $A_{sw} = F_{Ed} / (\gamma_{yk} / \gamma_s)$
- Die Aufhängebewehrung sollte vorzugsweise aus Bügeln bestehen, die die Hauptbewehrung des unterstützenden Bauteils umfassen.

    Außerhalb des unmittelbaren Kreuzungsbereichs beider Bauteile dürfen Bügel nach nebenstehendes Bild angeordnet werden, wenn eine über die Höhe verteilte Horizontalbewehrung angeordnet ist, deren Gesamtquerschnittsfläche dem Gesamtquerschnitt dieser Bügel entspricht (NCI Zu 9.2.5 (2)).
- Bei sehr breiten stützenden Trägern oder bei stützenden Platten sollte die in diesen Trägern oder Platten angeordnete Aufhängebewehrung nicht über eine Breite verlegt werden, die größer als die Nutzhöhe des gestützten Trägers ist (NCI Zu 9.2.5 (2)).

Anschluss von Nebenträgern

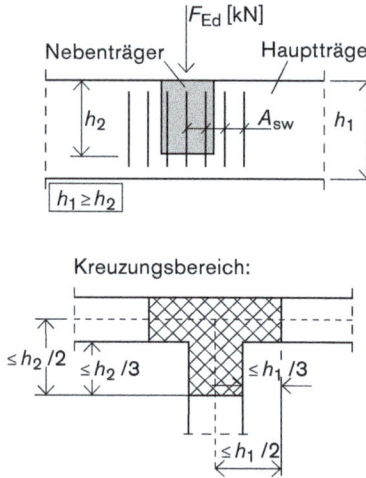

8.4 SCHADENSBEGRENZUNG BEI AUßERGEWÖHNLICHEN EREIGNISSEN

- Bei außergewöhnlichen Ereignissen ist eine Schädigung des Tragwerks in einem zur ursprünglichen Ursache unverhältnismäßig großen Ausmaß zu vermeiden (siehe DIN EN 1990, Grundlegende Anforderungen). Werden neben den Regeln der DIN EN 1992-1-1 die konstruktiven Regeln dieses Abschnittes erfüllt, darf angenommen werden, dass der zufällige Ausfall eines einzelnen Bauteils oder eines begrenzten Teils des Tragwerks oder das Auftreten hinnehmbarer örtlicher Schädigungen nicht zum Versagen des Gesamttragwerks führt.
- Bei Bauwerken des üblichen Hochbaus dürfen zur Schadensbegrenzung bei außergewöhnlichen Einwirkungen Ringanker (Regelungen siehe DIN EN 1992-1-1, 9.10.2.2) verwendet werden.
- Im Fertigteilbau dürfen zusätzlich innenliegende Zuganker (Regelungen siehe DIN EN 1992-1-1, 9.10.2.3) und horizontale Stützen- und Wandzuganker (Regelungen siehe DIN EN 1992-1-1, 9.10.2.4) verwendet werden.

INSTITUT FÜR
STAHLBETONBEWEHRUNG E.V.

BEWEHREN VON STAHLBETONTRAGWERKEN
nach DIN EN 1992-1-1 mit Nationalem Anhang

Stand 06/19

Arbeitsblatt 9
ERMÜDUNG

1 ALLGEMEINES

Alle Tragwerke und Bauteile, die regelmäßigen Lastwechseln unterworfen sind, sind i.d.R. gegen Ermüdung zu bemessen. Der Nachweis gegen Ermüdung ist ein Nachweis im Grenzzustand der Tragfähigkeit, der unter eigens definierten Einwirkungskombinationen des Grenzzustands der Gebrauchstauglichkeit zu führen ist. Grundsätzlich ist ein hinreichender Widerstand gegen Ermüdung für Beton und Betonstahl getrennt nachzuweisen. Die Ermüdungsbeanspruchung des Betonstahls ist nur im Bereich von Zugspannungen zu überprüfen.

Für Bauwerke des üblichen Hochbaus unter vorwiegend ruhender Belastung ist im Allgemeinen kein Nachweis gegen Ermüdung erforderlich.

Gemäß DIN-Fachbericht 102 ist für nachfolgend aufgeführte Bauwerke ebenfalls kein Nachweis erforderlich:

- Geh- und Radwegbrücken

- Bogen- und Rahmentragwerke mit einer Erdüberschüttung ≥ 1,0 m (Straßenbrücken) bzw. ≥ 1,5 m (Eisenbahnbrücken)

- Fundamente von Straßen- und Eisenbahnbrücken

- Straßenbrücken
  - Widerlager, Pfeiler und Stützen, die nicht biegesteif mit dem Überbau verbunden sind
  - Stützwände (außer Platten und Wände von Hohlwiderlagern)

- Eisenbahnbrücken – Pfeiler und Stützen, die nicht biegesteif mit dem Überbau verbunden sind

2 EINWIRKUNGSKOMBINATIONEN

Zur Berechnung der Schwingbreiten muss eine Unterteilung in nichtzyklische und zyklische ermüdungswirksame Einwirkungen (Anzahl von wiederholten Lasteinwirkungen) erfolgen.

Die Nachweise sind für Stahl und Beton im Allgemeinen unter Berücksichtigung der folgenden Einwirkungskombinationen zu führen:

- ständige Einwirkungen
- maßgebender charakteristischer Wert der Vorspannung P_k
- wahrscheinlicher Wert der Setzungen, sofern ungünstig wirkend
- häufiger Wert der Temperatureinwirkung, sofern ungünstig wirkend
- Einwirkung aus Nutzlasten bzw. Verkehrslasten

Die Grundkombination der nichtzyklischen Einwirkungen entspricht der häufigen Einwirkungskombination im GZG:

$$E_d = \sum_{j \geq 1} G_{k,j} \, „+" \, P \, „+" \, \psi_{1,1} Q_{k,1} \, „+" \, \sum_{i>1} \psi_{2,i} Q_{k,i}$$

mit $Q_{k,1}$ und $Q_{k,i}$ nichtzyklische, veränderliche Einwirkungen.

Die zyklische Einwirkung muss mit der ungünstigen Grundkombination kombiniert werden:

$$E_d = \left(\sum_{j \geq 1} G_{k,j} \, „+" \, P \, „+" \, \psi_{1,1} Q_{k,1} \, „+" \, \sum_{i>1} \psi_{2,i} Q_{k,i} \right) \, „+" \, Q_{fat}$$

mit Q_{fat} maßgebende Ermüdungsbelastung (zyklische Einwirkung).

3 WERKSTOFFDATEN

3.1 WÖHLERLINIE

Die Ermüdungsfestigkeit des Werkstoffes wird durch die Wöhlerlinie beschrieben. Sie besteht aus Abschnitten mit unterschiedlicher Neigung innerhalb derer folgender Zusammenhang zwischen Schwingbreite und Lastspielzahl gilt:

$(\Delta \sigma)^m \cdot N = const$

3.2 DARSTELLUNG DER WÖHLERLINIE

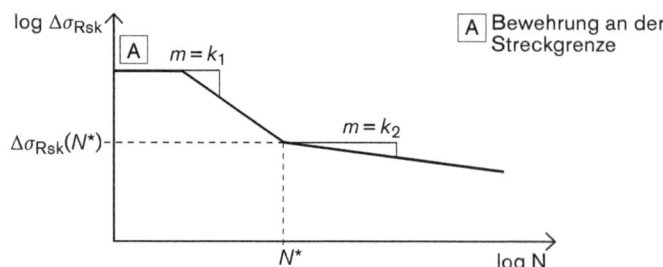

3.3 WERTE DER WÖHLERLINIE

Die in nachstehender Tabelle grau hinterlegten charakteristischen Werte der Wöhlerlinie wurden DIN EN 1992-1-1/NA, Tabelle NA.6.3 entnommen und auf den Bereich zwischen 10^5 und 10^{10} Lastspielzahlen ergänzt. Die Norm erlaubt Abweichungen (Allgemeine Bauaufsichtliche Zulassung, Zustimmung im Einzelfall, Prüfzeugnis).

Betonstahl		N^*	Spannungs-exponent m		$\Delta\sigma_{Rsk}$ (N/mm²)							
			k^1	k^2	10^5	10^6	$2 \cdot 10^6$	$5 \cdot 10^6$	10^7	10^8	10^9	10^{10}
Gerade und gebogene Stäbe[a]	$\varnothing \leq 28\,mm$	10^6	5	9[c]	277	175	162	146	135	105	81	63
				5[e]	277	175	152	127	110	70	44	28
	$\varnothing > 28\,mm$[b]	10^6	5	9[c]	230	145	134	121	112	87	67	52
				5[e]	230	145	126	105	91	58	36	23
Geschweißte Stäbe und Betonstahlmatten[d]		10^6	4	5	151	85	74	62	54	34	21	13

[a] Für gebogene Stäbe mit $D_{br} < 25\,\varnothing$ ist $\Delta\sigma_{Rsk}$ mit dem Reduktionsfaktor $\xi = 0{,}35 + 0{,}026\,D_{br}/\varnothing$ zu multiplizieren.

[b] Gültig nur für Duktilitätsklasse B (hochduktil)

[c] In korrosiven Umgebungsbedingungen (XC2, XC3, XC4, XS, XD) sind weitere Überlegungen zur Wöhlerlinie anzustellen. Wenn keine genaueren Erkenntnisse vorliegen, ist für k_2 ein reduzierter Wert $5 \leq k_2 < 9$ anzusetzen.

[d] Sofern nicht andere Wöhlerlinien durch eine Allgemeine Bauaufsichtliche Zulassung oder Zustimmung im Einzelfall nachgewiesen werden.

[e] Verminderter Spannungsexponent nach DIN EN 1992-1-1/NA Abs. 6.8.4 (5)

Mechanische Verbindungen werden grundsätzlich über Zulassungen geregelt.

Für die Schädigung infolge von Spannungswechseln mit einer Schwingbreite $\Delta\sigma$ dürfen die Wöhlerlinien für Betonstahl und Spannstahl angesetzt werden. Dabei ist die Einwirkung mit $\gamma_{s,fat} = 1{,}0$ zu multiplizieren. Die annehmbare Schwingbreite für N^* Lastzyklen $\Delta\sigma_{Rsk}$ ist durch den Sicherheitsbeiwert $\gamma_{s,fat} = 1{,}15$ zu dividieren. Diese Parameter sind in der o.g. Tabelle bereits enthalten.

Für den Knickpunkt der Wöhlerlinie gilt $\Delta\sigma_{Rsd}(N^*) = \Delta\sigma_{Rsk}(N^*) / \gamma_{s,fat}$.

4 NACHWEISVERFAHREN FÜR BETONSTAHL (DIN EN 1992-1-1, 6.8)

Der Nachweis kann als vereinfachter Nachweis nach Abschnitt 4.2 oder 4.3 erfolgen. Kann der vereinfachte Nachweis nicht erbracht werden, ist ein expliziter Betriebsfestigkeitsnachweis nach 4.1 zu führen.

4.1 BETRIEBSFESTIGKEITSNACHWEIS NACH PALMGREN-MINER (DIN EN 1992-1-1, 6.8.4 (2))

Bei bekanntem Spannungskollektiv ist nachzuweisen, dass die Schädigungssumme $D_{Ed} < 1$ ist. Für die Bestimmung von D_{Ed} gilt:

$$D_{Ed} = \sum_i \frac{n(\Delta\sigma_i)}{N(\Delta\sigma_i)} = \sum_i \frac{n_i}{N^*} \cdot \frac{\Delta\sigma_i{}^k}{\Delta\sigma_{Rsd}(N^*)} < 1 \qquad N(\Delta\sigma_i) = N^* \frac{\Delta\sigma_{Rsd}(N^*)^k}{\Delta\sigma_i}$$

Die jeweiligen Spannungsschwingbreiten $\Delta\sigma_i$ sind unter der maßgebenden Einwirkungskombination nach Abschnitt 2 zu bestimmen. Der Wert n_i bezeichnet die zugehörige Lastspielzahl.
Für $\Delta\sigma_i > \Delta\sigma_{Rsd}(N^*)$ gilt k_1, anderenfalls muss $k = k_2$ angenommen werden.

4.2 NACHWEIS ÜBER DIE SCHÄDIGUNGSÄQUIVALENTE SPANNUNGSSCHWINGBREITE (DIN EN 1992-1-1, 6.8.5)

Anstelle des expliziten Betriebsfestigkeitsnachweises nach Palmgren-Miner (siehe 4.1) darf bei Standardfällen mit bekannter Belastung der Nachweis ausreichender Ermüdungsfestigkeit über eine schädigungsäquivalente Spannungsschwingbreite $\Delta\sigma_{S,equ}$ erfolgen.
Der Nachweis ist erbracht, wenn gilt:

$$\gamma_{F,fat}\, \Delta\sigma_{S,equ}(N^*) \leq \Delta\sigma_{Rsd}(N^*) = \Delta\sigma_{Rsk}(N^*)/\gamma_{S,fat}$$

mit: $\gamma_{F,fat} = 1{,}0$; $\gamma_{S,fat} = 1{,}15$

Dabei ist

$\Delta\sigma_{Rsd}(N^*)$ die Schwingbreite bei N^* Lastzyklen aus den entsprechenden Ermüdungsfestigkeitskurven (Wöhlerlinien) in Bild 6.30.

$\Delta\sigma_{S,equ}(N^*)$ die schädigungsäquivalente Schwingbreite für verschiedene Bewehrungsarten unter Berücksichtigung der Anzahl der Lastwechsel N^*. Für den Hochbau darf $\Delta\sigma_{S,equ}(N^*)$ näherungsweise zu $\Delta\sigma_{S,max}$ angenommen werden.

$\Delta\sigma_{S,max}(N^*)$ die maximale Stahlspannungsamplitude unter der maßgebenden ermüdungswirksamen Einwirkungskombination.

Hinweis: Bei der schadensäquivalenten Schwingbreite wird das tatsächliche Spannungskollektiv zu einer einstufigen Beanspruchung mit N^* Zyklen ersetzt. Die schädigungsäquivalente Spannungsschwingbreite der Bewehrung $\Delta\sigma_{S,equ}$ wird der maximalen Schwingbreite max. $\Delta\sigma_S$ unter der maßgebenden ermüdungswirksamen Einwirkungskombination gleichgesetzt. Wegen der äußerst aufwändigen Ableitung schädigungsäquivalenter Lastmodelle liegen solche nur für wenige Anwendungsfälle vor; im Einzelnen für Straßen- und Eisenbahnbrücken (siehe DIN EN 1992-2).

4.3 VEREINFACHTER NACHWEIS

Bei ungeschweißten, geraden Stäben ohne Korrosionsgefahr unter Zugbeanspruchung ist ausreichender Widerstand gegen Ermüdung gegeben, wenn unter der häufigen Einwirkungskombination gilt:

$\Delta\sigma_s \leq 70 N/mm^2$

Im Bereich von Schweißverbindungen und mechanischen Kopplungen ist kein Nachweis der Ermüdungsfestigkeit erforderlich, wenn der Betonquerschnitt im betreffenden Bereich unter der häufigen Einwirkungskombination und bei Berücksichtigung des Abminderungsfaktors von 0,75 für den Mittelwert der Vorspannkraft P_{mt} vollständig unter Druckspannungen steht.

5 WEITERE REGELUNGEN BEI NICHT VORWIEGEND RUHENDER BELASTUNG

5.1 SCHWEIßEN

Bei nicht vorwiegend ruhenden Belastungen sind nur Schweißverbindungen nach DIN EN 1992-1-1 Tabelle 3.4 zulässig.

5.2 HIN- UND RÜCKBIEGEN

Die Schwingbreite der Stahlspannung bei nicht vorwiegend ruhender Belastung darf den Wert 50 N/mm² nicht überschreiten. Zudem ist beim Kaltbiegen der Biegerollendurchmesser von $D_{min} \geq 15\emptyset$ einzuhalten (DIN EN 1992-1-1/NA 8.3(NA.5)).

5.3 SCHUBKRAFTÜBERTRAGUNG IN FUGEN

Bei dynamischer oder Ermüdungsbeanspruchung darf der Adhäsionsanteil des Betonverbundes nicht berücksichtigt werden ($c = 0$).

5.4 STÖßE VON BETONSTAHLMATTEN

Bei Ermüdungsbeanspruchung sind Mattenstöße in der Regel als Ein-Ebenen-Stoß durch Verschränkung (siehe Arbeitsblatt 7 Abschnitt 3.2.1) auszuführen.

6 ANMERKUNGEN (nicht normative Empfehlungen – ohne Gewähr)

6.1 Bei den in DIN EN 1992-1-1/NA, Tabelle NA.6.3 und NA.6.4 angegebenen Werten der Wöhlerlinien handelt es sich um charakteristische Werkstoffwerte, die (wahrscheinlich) dem 10%-Quantil der Bruchlastverteilungen der angegebenen Schwingbreiten entsprechen.

6.2 Die Angaben der Ermüdungsfestigkeiten nach DIN EN 1992-1-1 stimmen mit den Angaben nach DIN 488:2009 überein.

6.3 Bei ungeschweißten Bewehrungsstählen wird die Neigung k_2 zudem von den Umweltbedingungen abhängig gemacht. Nur bei nicht korrosionsfördernder Umgebung (Umweltklasse XC1) gilt der günstige Wert von $k_2 = 9$. In allen anderen Fällen ist $k_2 = 5$ anzunehmen. Diese Regelung trägt der Tatsache Rechnung, dass bei verstärkter Bewehrungskorrosion, z. B. ausgelöst durch Chloride, Lochfraß eintreten kann, wodurch der Widerstand gegen Ermüdung abgemindert werden kann.

Liegen die Umweltklassen XC2 – XC4 (mögliche Bewehrungskorrosion infolge Karbonatisierung der Betonüberdeckung) vor, so wird empfohlen, den Beginn der Korrosion aufgrund von Lebensdauerbetrachtungen (Karbonatisierungsfortschritt, Betongüte, Betondeckung) abzuschätzen und den Nachweis mit zwei Teilkollektiven und zwei Bemessungswöhlerlinien (jeweils mit und ohne Korrosionseinfluss) zu führen.

6.4 DIN EN 1992-1-1, Tabelle NA.6.3, Fußnote b erlaubt die Benutzung anderer Wöhlerlinien für die Bemessung, sofern gesicherte Versuchsergebnisse (Allgemeine Bauaufsichtliche Zulassung, Zustimmung im Einzelfall) vorliegen. Dem ISB vorliegende Versuchsergebnisse scheinen folgende Annahmen für die Wöhlerlinie zu rechtfertigen:

Spannungsexponenten für: - Betonstabstahl $k_2 = 15$ (Umweltbedingung XC1)
 - Betonstahlmatten $k_2 = 9$ (Umweltbedingung XC1)

Mit den angegebenen Spannungsexponenten ergeben sich für den vereinfachten Nachweis nach 4.1 dieses Arbeitsblattes folgende Werte:

- Betonstabstahl: $\Delta\sigma_N \leq 105$ N/mm^2
- Betonstahlmatten: $\Delta\sigma_N \leq 30$ N/mm^2

6.5 **Maximale Spannungsschwingbreite für den Zeitfestigkeitsbereich**
In DIN EN 1992-1-1 wird die Streckgrenze als Obergrenze für den Zeitfestigkeitsbereich bei kleinen Lastspielzahlen definiert. Es wird empfohlen, den Zeitfestigkeitsbereich zusätzlich auf Lastspielzahlen $N > 5 \cdot 10^4$ zu begrenzen. Hieraus ergibt sich bei ungeschweißten, geraden Betonstählen eine ertragbare Schwingbreite von   max $\Delta\sigma_{sk} \approx 350$ N/mm^2.
Nicht überschritten sollte jedoch für geschweißte Matten und mechanische Verbindungen der Wert von:
     max $\Delta\sigma_{sk} = 280$ N/mm^2.

6.6 **Besonderheiten bei der Bestimmung der schädigungsäquivalenten Schwingbreite**
Die in 4.2 angegebene Beziehung zur Bestimmung der schadensäquivalenten Schwingbreite $\Delta\sigma_{s,equ}$ geht von einer Bezugslastspielzahl $N = N^* (1 \cdot 10^6$ bzw. $1 \cdot 10^7)$ aus. Der DIN-Fachbericht 102, Anhang 10^6 bezieht sich bei der Bestimmung von $\Delta\sigma_{s,equ}$ dagegen bei Straßenbrücken auf eine Lastspielzahl $N = 2 \cdot 10^6$. Dies bedeutet, dass bei Verwendung der schadensäquivalenten Schwingbreite nach DIN-Fachbericht 102 für den Nachweis nach 4.2 die Rechenwerte für N^* und $\Delta\sigma_{sk}(N^*)$ entsprechend anzupassen sind (Werte für $\Delta\sigma_{sk}$ für $N^* = 2 \cdot 10^6$ siehe Tabelle in 3.3).

INSTITUT FÜR
STAHLBETONBEWEHRUNG E.V.

BEWEHREN VON STAHLBETONTRAGWERKEN
nach DIN EN 1992-1-1 mit Nationalem Anhang

Stand 06/19

Arbeitsblatt 10
SCHWEIßEN VON BETONSTAHL

1 ALLGEMEINES

Schweißarbeiten an Betonstahl müssen nach DIN EN ISO 17660 erfolgen. Tragende Verbindungen sind in Teil 1, nichttragende Verbindungen in Teil 2 geregelt.

Betonstähle nach DIN 488 sind zum Schweißen nach den in DIN EN 1992-1-1 angegebenen Verfahren nach DIN EN ISO 17660-1/-2 geeignet. Betonstähle nach Allgemeiner Bauaufsichtlicher Zulassung sind in der Regel ebenfalls schweißgeeignet. Einzelheiten hierzu sind in der Zulassung enthalten.

Der Hersteller der Schweißverbindung muss über eine Bescheinigung der Herstellerqualifikation zum Schweißen von Betonstahl nach DIN EN ISO 17660 verfügen. Die Bescheinigung zum Schweißen von Betonstahl kann für ein oder mehrere Schweißverfahren erteilt werden. Sie kann für alle Stoßarten gelten, kann jedoch auch eingeschränkt auf einzelne Stoßarten erteilt werden.

2 SCHWEIßVERFAHREN, SCHWEIßVERBINDUNGEN UND ZULÄSSIGE STABNENNDURCHMESSER

Schweißverfahren (Verfahren-Nr.)	Arten der Schweißverbindungen	Bereich der Stabnenndurchmesser in mm [1]	
		Tragende Verbindung	Nichttragende Verbindung
Lichtbogenhandschweißen (111)	Stumpfstoß ohne Badsicherung	≥ 16	[3]
Metall-Lichtbogenschweißen mit Fülldrahtelektrode ohne Schutzgas (114)	Stumpfstoß mit bleibender Badsicherung	≥ 16	
	Laschenstoß	6 – 50	[3]
Metall-Aktivgasschweißen / MAG (135)	Überlappstoß (Übergreifungsstoß)	6 – 32	6 – 32
Metall-Lichtbogenschweißen mit Fülldrahtelektrode (136)	Kreuzungsstoß [2]	6 – 50	6 – 50
	Verbindung mit anderen Stahlteilen	6 – 50	[3]
Reibschweißen (42)	Stumpfstoß	6 – 50	[3]
	Verbindung mit anderen Stahlteilen	6 – 50	[3]
Abbrennstumpfschweißen (24)	Stumpfstoß	5 – 50 [1]	[3]
Buckelschweißen (23)	Überlappstoß (Übergreifungsstoß)	6 – 28	4 – 32
	Kreuzungsstoß [2]	4 – 20	6 – 50

[1] Es dürfen gleiche Stabnenndurchmesser miteinander verbunden werden sowie benachbarte Stabdurchmesser.
[2] Das zulässige Verhältnis der Nenndurchmesser sich kreuzender Stäbe ist $ø_{min} / ø_{max} ≥ 0{,}4$.
[3] Sofern der Stoß als nicht tragend ausgeführt wird, gilt Spalte „Tragende Verbindung".

3 ANWENDUNGSFÄLLE (DIN EN 1992-1-1, Tabelle 3.4)

Belastungsart	Schweißverfahren	Nr. [5]	Zugstäbe [1]	Druckstäbe [1]
Vorwiegend ruhend	Abbrennstumpfschweißen	24	Stumpfstoß	
	Lichtbogenhandschweißen und Metall-Lichtbogenschweißen	111 / 114	Stumpfstoß mit ø ≥ 20 mm, Laschenstoß, Überlappstoß, Kreuzungsstoß [3], Verbindung mit anderen Stahlteilen	
	Metall-Aktivgasschweißen [2]	135	Laschenstoß, Überlappstoß, Kreuzungsstoß [3], Verbindung mit anderen Stahlteilen	
		136	-	Stumpfstoß mit ø ≥ 20 mm
	Reibschweißen	42	Stumpfstoß, Verbindung mit anderen Stahlteilen	
	Widerstandspunktschweißen	21	Überlappstoß [4], Kreuzungsstoß [2] [4]	
Nicht vorwiegend ruhend	Abbrennstumpfschweißen	24	Stumpfstoß	
	Lichtbogenhandschweißen	111	-	Stumpfstoß mit ø ≥ 14 mm
	Metall-Aktivgasschweißen	135 / 136	-	Stumpfstoß mit ø ≥ 14 mm

[1] Es dürfen gleiche Stabnenndurchmesser verbunden werden sowie benachbarte Stabdurchmesser.
[2] Zulässiges Verhältnis der Stabnenndurchmesser sich kreuzender Stäbe ≥ 0,57.
[3] Für tragende Verbindungen ø ≤ 16 mm
[4] Für tragende Verbindungen ø ≤ 28 mm
[5] Ordnungsnummer der Schweißverfahren nach DIN EN ISO 4063

4 ARTEN VON SCHWEIßVERBINDUNGEN

Die in DIN EN 17660-1 festgelegten Stöße sind so entworfen, dass sie die volle Stabkraft übertragen können. Ausnahmen sind möglich für Stumpfstöße und für Verbindungen von Betonstahlstäben mit anderen Stahlteilen. Diese müssen spezifiziert werden. Für Kreuzungsstöße muss die Scherfestigkeit bei der konstruktiven Gestaltung festgelegt werden.

Die nachstehenden Verbindungen sind Beispiele guter Praxis. Andere Stoßausbildungen dürfen angewendet werden, wenn nachgewiesen wird, dass sie die Anforderungen des Abschnittes 11 der DIN EN ISO 17660-1 erfüllen.

Nichttragende Verbindungen werden üblicherweise nur für die Lagesicherung der Betonstahlteile während Fertigung, Transport und Betonieren verwendet. Die Schweißnähte dürfen die volle Tragfähigkeit und Zähigkeit der Stäbe nicht entscheidend beeinflussen, und das Schweißverfahren darf keine Werkstoffversprödung verursachen.

Stumpfstöße
(nur tragende Verbindung)

Maße in Millimeter

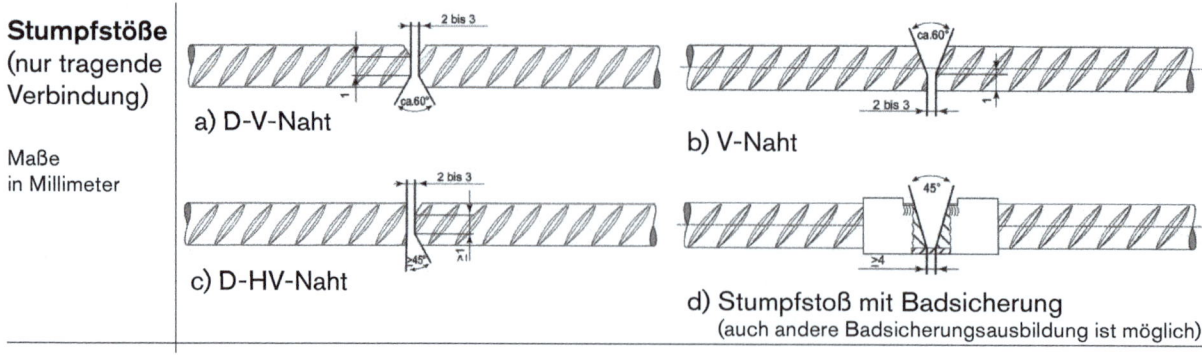

a) D-V-Naht
b) V-Naht
c) D-HV-Naht
d) Stumpfstoß mit Badsicherung
(auch andere Badsicherungsausbildung ist möglich)

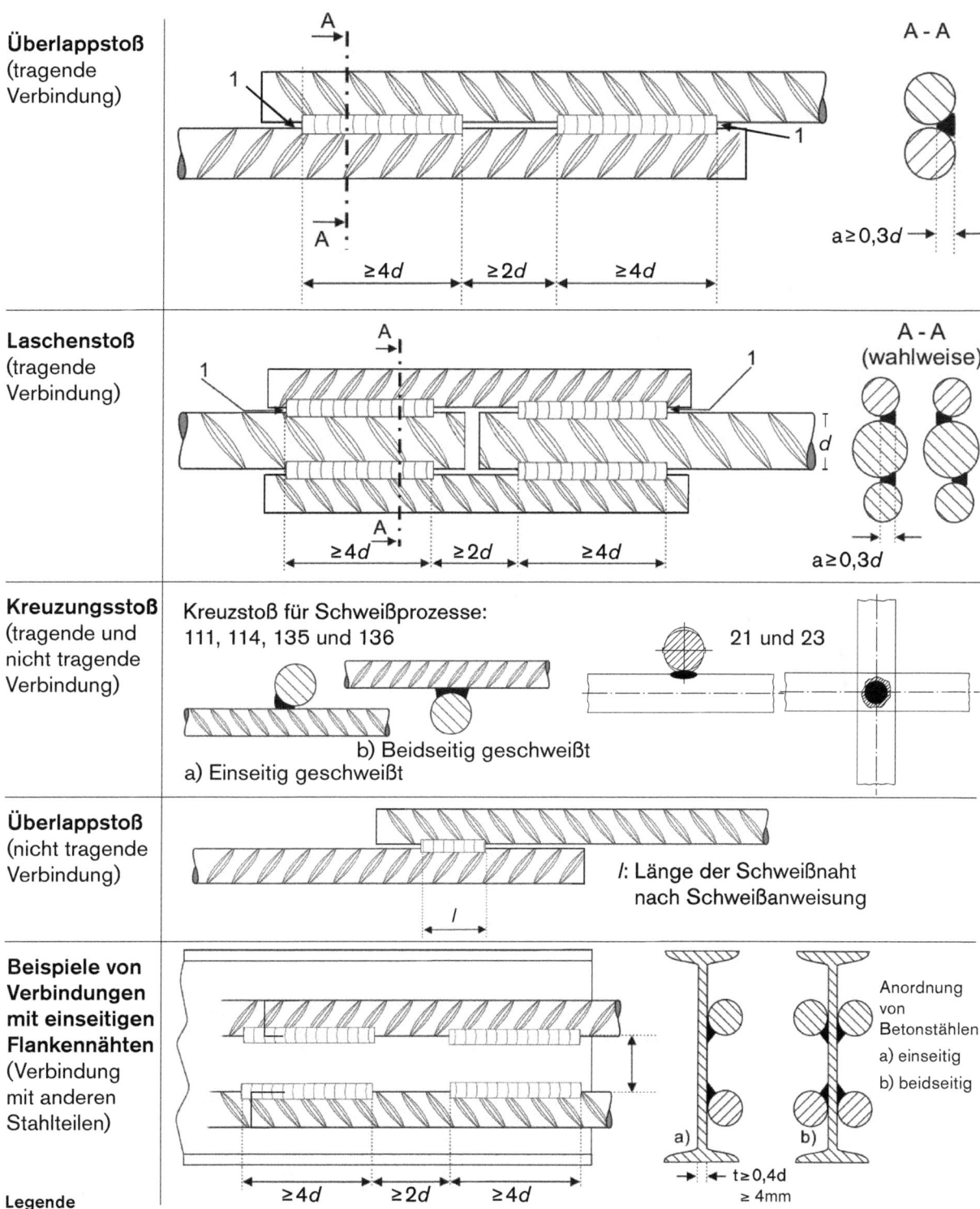

ARBEITSBLATT 10

Beispiele von Verbindungen mit beidseitigen Flankennähten (Verbindung mit anderen Stahlteilen)

$e \geq d + 2t$

$\geq 4d$

Anordnung von Betonstählen
a) einseitig
b) beidseitig

Nahtausbildung bei Flankennähten

$a \approx 0{,}3\,d$, mindestens 3 mm

Stumpfnaht mit Reibschweißen

Stirnplattenverbindungen

Durchgesteckter Stab

$\leq 1{,}25\,d$

$a = 0{,}4\,d$
$b \geq d$
$0{,}4\,d \leq t$, aber $t_{min} = 4$ mm

Versenkter Stab

$\leq 1{,}25\,d$

$\alpha \geq 45°$
$t \geq d$

$\alpha \geq 45°$
$a \geq 0{,}4\,d$
$t \geq d$

Aufgesetzter Stab

$a = 0{,}4\,d$
$0{,}4\,d \leq t$, aber $t_{min} = 4$ mm
Im Fall eines Spaltes muss die Kehlnahtabmessung vergrößert werden.

Legende
a Kehlnahtdicke
t_{min} Mindestblechdicke
b Überstand des Stabes
α Öffnungswinkel
d Nenndurchmesser des geschweißten Stabes
w Schweißnahtbreite
t Blechdicke

5 WICHTIGE HINWEISE FÜR DAS SCHWEIßEN VON BETONSTÄHLEN

- Vor Aufnahme der Schweißarbeiten ist das Werkkennzeichen des Betonstahls zu prüfen.
- Beim Schweißen von Betonstählen mit anderen Stählen ist deren Schweißeignung zu beachten.
- Betonstähle dürfen mit nichtrostenden Stählen geschweißt werden, sofern deren Eignung gegeben ist.
- Es wird unterschieden zwischen tragenden und nichttragenden Verbindungen. Erstere können mit dem vollen Querschnitt in Rechnung gestellt werden. Letztere sind nur für Heftverbindungen vorgesehen.
- Tragende und nichttragende Betonstahlverbindungen sind mit der gleichen Sorgfalt herzustellen.
- Es darf nur nach qualifizierter Schweißanweisungen nach DIN EN ISO 15609 gearbeitet werden, die am Arbeitsplatz vorhanden sein müssen.
- Ein rechnerischer Nachweis für die Schweißnähte ist nicht erforderlich, sofern die Vorgaben der DIN EN 17660 berücksichtigt werden.
- Verbindungen, die nicht der DIN EN ISO 17660 entsprechen, können hergestellt werden, müssen aber nach anerkannten Regeln der Schweißtechnik gestaltet und nachgewiesen sein.
- Vorgebogene Stäbe dürfen geschweißt werden. Nachträglich darf an der Schweißstelle gebogen werden, wenn die Anforderungen in DIN EN 1992-1-1/NA, Tabelle 8.1DE, eingehalten werden.
- Die zulässigen Verbindungen weisen bei korrekter Ausführung im Schweißbereich keine zusätzliche Gefährdung hinsichtlich Sprödbruchversagen oder Entfestigung auf. In beschränktem Umfang dürfen Stäbe unterschiedlicher Durchmesser geschweißt werden:
  - bei Längsstößen die benachbarten Abmessungen,
  - bei Kreuzungsstößen sind bestimmte Verhältnisse der Nenndurchmesser einzuhalten.
- Durch das Schweißen wird im Schweißbereich tragender oder nichttragender Verbindungen die Dauerschwingfestigkeit des Stabes abgemindert.
- Betonstahlschweißarbeiten dürfen nur von qualifizierten Schweißern und Bedienern von Schweißanlagen durchgeführt werden.
- Schweißer und Schweißverbindungen müssen angemessen gegen direkte Witterungseinflüsse, wie Wind, Regen und Schnee, geschützt werden. Von den Oberflächen im Schweißbereich und den Berührungsflächen sind Schmutz, Fette, Öle, Feuchtigkeit, Rost und Zunder sowie Beschichtungen, soweit diese die Schweißnahtgüte ungünstig beeinflussen, zu entfernen.
- Die zu schweißenden Stäbe müssen im Bereich der Schweißstelle vor schnellem Abkühlen geschützt werden. Bei niedrigen Temperaturen müssen geeignete Maßnahmen in der Schweißanweisung niedergelegt werden.
- Bei Anwendung der Schweißverfahren 135 und 136 müssen die Schweißbereiche vor Wind und anderen Luftbewegungen geschützt werden.
- Bei Betonstabstählen $d_s > 32$ mm empfiehlt sich ein Vorwärmen der Betonstähle auf $80°C \leq \vartheta_v \leq 120°C$.
- Der Herstellbetrieb hat über eine entsprechende Bescheinigung die Herstellerqualifikation zum Schweißen von Betonstahl nach DIN EN ISO 17660 nachzuweisen.
- Der Herstellbetrieb muss über geeignete Einrichtungen zur Herstellung von geschweißten Betonstahlverbindungen im Sinne von DIN EN ISO 17660 verfügen.
- Das schweißtechnische Personal muss Erfahrungen und eine entsprechende Ausbildung für das Schweißen von Betonstahl besitzen.
- Die schweißtechnischen Anforderungen nach DIN EN ISO 3834-3 bzw. -4 sind, soweit zutreffend, zu erfüllen.

6 SCHWEIßEN BEI SANIERUNGEN, ERGÄNZUNGEN

Im Zusammenhang mit Sanierungen oder Instandsetzung von Bauten ist das Schweißen oft das einzige anwendbare Fügeverfahren. In diesem Fall ist wie folgt vorzugehen:
- Einschalten einer geeigneten fachkundigen Stelle (z.B. SLV, Prüfingenieur)
- Durchführung von Prüfungen zur Beurteilung der Schweißeignung des alten, eingebauten Betonstahls
- Erstellung einer qualifizierten Schweißanweisung
- Einholung einer Zustimmung im Einzelfall bei der zuständigen Obersten Bauaufsichtsbehörde des jeweiligen Bundeslandes
- Durchführung und Prüfung von fertigungsbezogenen, vorgezogenen Arbeitsproben (alte und neue Bewehrung)
- Ausführung der Schweißarbeiten durch einen Betrieb mit Eignungsnachweis nach DIN EN ISO 17660

7 QUALITÄTSSICHERUNG

- Die Schweißarbeiten an tragenden Betonstählen dürfen nur von Betrieben ausgeführt werden, die die Qualitätsanforderungen nach ISO 3834-3 und DIN EN ISO 17660-1 voll erfüllen.
- Wegen des Eignungsnachweises wenden Sie sich zweckmäßigerweise an die nächstliegende Schweißtechnische Lehr- und Versuchsanstalt.
- Der Schweißbetrieb muss mindestens eine Schweißaufsichtsperson besitzen (Schweißfachmann).
- Die Schweißarbeiten dürfen nur von geprüften Schweißern (EN 287-1, DVS-Richtlinie 1146) vorgenommen werden.
- Vor bzw. während der Schweißarbeiten sind Arbeitsprüfungen nach DIN EN ISO 17660 Tabelle 3 durchzuführen.
- Arbeitsproben müssen stets fertigungsbezogen hergestellt werden:
Lage der Stabachse – Schweißposition – Zugänglichkeit.
Arbeitsproben müssen immer in der schwierigsten Position geschweißt werden, die in der Fertigung vorkommt.

Hinweis: Bei den Schweißtechnischen Lehr- und Versuchsanstalten existiert ein Infoblatt für den Eignungsnachweis für das Schweißen von Betonstählen. *„Informationen über Voraussetzungen und Ablauf der Betriebsprüfung für die Erteilung einer Bescheinigung über die Herstellerqualifikation zum Schweißen von Betonstahl nach DIN EN ISO 17660 ".*

8 SYMBOLISCHE DARSTELLUNG DER VERBINDUNGSARTEN

Tragende Verbindungen

Stumpfstoß

Laschenstoß

Überlappstoß

Kreuzungsstoß

Nichttragende Verbindungen

Überlappstoß

Kreuzungsstoß

ARBEITSBLATT 11 | 141

INSTITUT FÜR STAHLBETONBEWEHRUNG E.V.

BEWEHREN VON STAHLBETONTRAGWERKEN
nach DIN EN 1992-1-1 mit Nationalem Anhang

Stand 06/19

Arbeitsblatt 11
UNTERSTÜTZUNGEN Kurzfassung des DBV-Merkblattes „Unterstützungen"

1 ALLGEMEINES

Das Arbeitsblatt 11 spiegelt die für die Verarbeiter von Betonstahl wesentlichen Inhalte des Merkblatts „Unterstützungen" des Deutschen Beton- und Bautechnik-Verein e.V.* wieder. Das Merkblatt wurde ursprünglich auf Anregung des Deutschen Ausschuss für Stahlbeton DAfStb erstellt, um das Fehlen von Regelungen auf diesem Gebiet zu beheben. Das Institut für Stahlbetonbewehrung e.V. hat seinerzeit an der Erstellung des Merkblattes (Erstausgabe 1998) mitgewirkt. Das Merkblatt wird fortlaufend aktualisiert und spiegelt den aktuellen Stand der Technik wieder. **Die wesentlichen Inhalte sind die Anforderungen an die Tragfähigkeit und die Abmessungen, die Regeln für die Verwendung und die Vorschriften für die Durchführung von Prüfungen.** Unterstützungen, die die Anforderungen an das Merkblatt erfüllen, sind erkennbar durch den Hinweis auf das DBV-Merkblatt „Unterstützungen" und den Herstellernummern auf den Etiketten. Genauere Erläuterungen finden Sie in Abschnitt 5 dieses Merkblattes. Nach DIN EN 13670 und DIN 1045-3 sind zum Erreichen der Betondeckung geeignete Unterstützungen und Abstandhalter zu verwenden. Die durch das DBV-Merkblatt geregelten Produkte stellen hierfür dem aktuellen Stand der Technik entsprechende baupraktische Lösungen dar. Alternative Produkte dürfen eingesetzt werden, sollten jedoch ausreichend bemessen und beschrieben werden.

2 ARTEN VON UNTERSTÜTZUNGEN

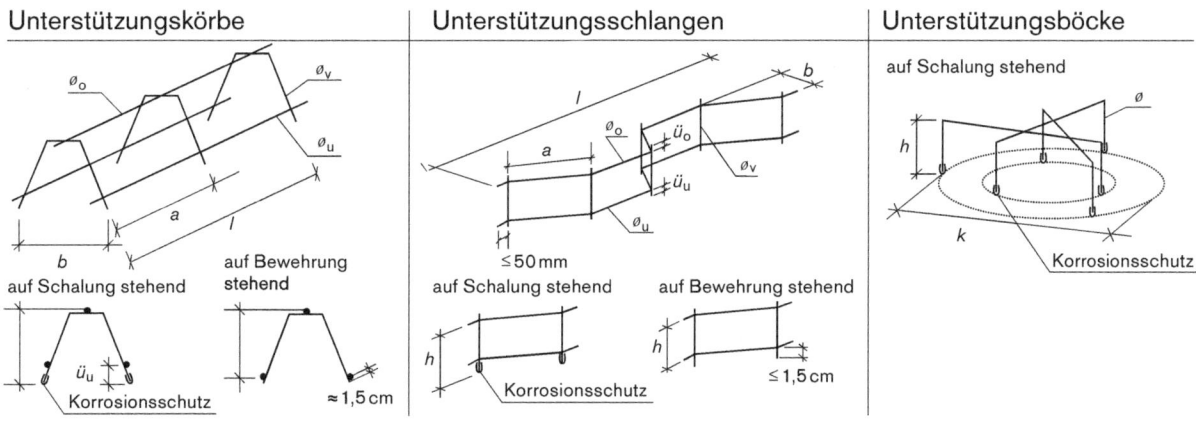

Unterstützungen sind grundsätzlich bis zu einer Höhe von 400 mm von den vorliegenden Unterlagen erfasst (Standard-Elemente). Größere Abmessungen sind möglich, werden jedoch von den Herstellern als Sonderelemente behandelt und müssen gesondert nachgewiesen werden.

* zu erhalten über: Deutscher Beton- und Bautechnik-Verein e.V., www.betonverein.de

3 ANFORDERUNGEN
3.1 ALLGEMEINES

Die für den jeweiligen Anwendungsfall ausgewählten Unterstützungen müssen für diesen geeignet sein und zur Sicherstellung der Betondeckung sowie der Tragfähigkeit zum Zeitpunkt des Einbaus:

- ausreichend steif und tragfähig sein, um sowohl die Lasten der aufliegenden Bewehrung als auch vorübergehende zusätzliche Belastungen im Bauzustand unter vernachlässigbar kleiner Verformung zu ertragen
- standsicher sein (kein Kippen)
- sich – soweit nötig – sicher befestigen lassen
- mit Korrosionsschutz (Füßchen) versehen sein, wenn sie auf der Schalung stehen.

3.2 BEANSPRUCHBARKEIT

Für Unterstützungen, die den Anforderungen des DBV-Merkblatts genügen, ergeben sich folgende zulässigen Beanspruchungen:

$$\text{linienförmige Unterstützungen:} \quad F_{Rd} = 0{,}67 \, \text{kN/m}$$
$$\text{punktförmige Unterstützungen:} \quad F_{Rd} = 0{,}50 \, \text{kN/Bock}$$

3.3 ABMESSUNGEN

Aufbau und Geometrie werden durch das Merkblatt bzw. den Hersteller vorgegeben.
Für die Auswahl und den Bestellvorgang ist die Unterstützungshöhe h maßgebend.

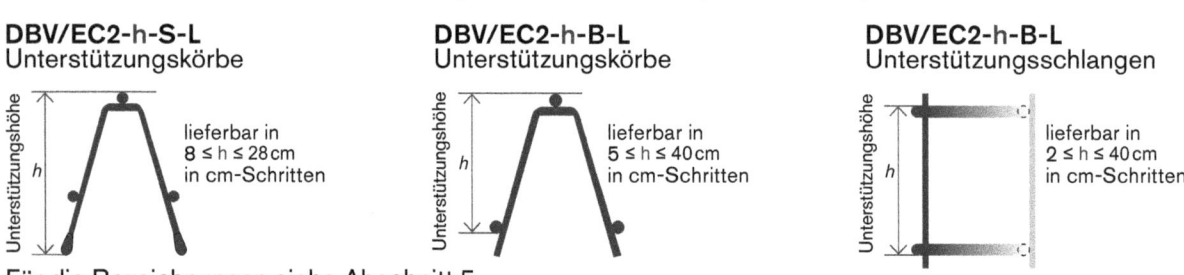

DBV/EC2-h-S-L Unterstützungskörbe — lieferbar in $8 \leq h \leq 28\,\text{cm}$ in cm-Schritten

DBV/EC2-h-B-L Unterstützungskörbe — lieferbar in $5 \leq h \leq 40\,\text{cm}$ in cm-Schritten

DBV/EC2-h-B-L Unterstützungsschlangen — lieferbar in $2 \leq h \leq 40\,\text{cm}$ in cm-Schritten

Für die Bezeichnungen siehe Abschnitt 5.

4 REGELN FÜR DIE ANWENDUNG VON UNTERSTÜTZUNGEN
4.1 ALLGEMEINES

Für die Unterstützungen ist der Verlegeabstand in Abhängigkeit vom Durchmesser der unterstützten Stäbe und der Konstruktionsart festzulegen.

Bei Verwendung von Unterstützungen, die auf der unteren Bewehrung stehen, ist der Verlegeabstand dieser Unterstützungen mit dem Verlegeabstand der Abstandhalter für die untere Bewehrung aufeinander abzustimmen. Die Unterstützungslinien müssen übereinander liegen, dabei ist die strengere Forderung für den Verlegeabstand maßgebend.

4.2. VERLEGEABSTAND

4.2.1 FESTLEGUNG OHNE RECHNERISCHEN NACHWEIS

Ohne rechnerischen Nachweis ist der Verlegeabstand nach folgender Tabelle zu wählen. Diese Verlegeabstände sind für Platten mit Dicken bis zu 50 cm maßgebend.

Durchmesser ⌀ der unterstützten Stäbe	Verlegeabstand [1]	
	Linienförmige Unterstützungen [2]	Punktförmige Unterstützungen [3]
⌀ ≤ 6,5 mm	$s \leq 50$ cm	$s \leq 50$ cm
6,5 mm < ⌀ ≤ 12 mm	$s \leq 70$ cm	$s \leq 70$ cm
⌀ > 12 mm	$s \leq 70$ cm [4]	$s \leq 70$ cm [4]

[1] Der Verlegeabstand ist als Achsabstand zu verstehen.
[2] Linienförmige Unterstützungen sind in ihrer Längsrichtung zu stoßen.
[3] Die Angaben gelten sowohl für Längs- als auch Querrichtung.
[4] Alternativ: Berechnung der Verlegeabstände nach Abschnitt 5.1.2 des DBV-Merkblattes erlaubt.

4.2.2 FESTLEGUNG DES VERLEGEABSTANDS MIT RECHNERISCHEM NACHWEIS

Bei einem Durchmesser der unterstützten Stäbe von ⌀ > 12 mm (obere Bewehrung) kann ein rechnerischer Nachweis des Verlegeabstands durchgeführt werden. Der Nachweis erfolgt unter Berücksichtigung des Eigengewichts der oberen Bewehrung und einer ggf. zu erwartenden Nutzlast im Bauzustand mit der zulässigen Belastung der Unterstützungen.

4.3 REGELN FÜR KORROSIONSWIDERSTAND

Unterstützungen, die auf der Schalung stehen, müssen an den Füßchen mit einem Korrosionsschutz versehen sein, der eine Mindesthöhe von 15 mm aufweist. Beim Einbau der Unterstützungen muss der Korrosionsschutz an allen Füßchen funktionstüchtig sein.

Grundsätzlich dürfen Unterstützungen, die auf der Schalung aufstehen, nur für Bauteile vewendet werden, die nach DIN EN 1992-1-1, 4.2 Tabelle 4.1 den Expositionsklassen XC1, XC2 oder XC3 zuzuordnen sind.

Für Bauteile, die nach DIN EN 1992-1-1, 4.2 Tabelle 4.1 den Expositionsklassen XC4, XD oder XS zuzuordnen sind, dürfen nur Unterstützungen verwendet werden, die auf der unteren Bewehrung stehen.

Beim Betonieren gegen eine Sauberkeitsschicht oder gegen eine Betonoberfläche können auf der Schalung stehende Unterstützungen, die die Anforderungen an den Korrosionsschutz nach diesem Arbeitsblatt erfüllen, bei allen Umweltbedingungen verwendet werden.

4.4 BETONIEREN GEGEN NACHGIEBIGE SCHICHTEN

Beim Betonieren gegen nachgiebige Schichten (z.B. Dämmstoffe) sind immer Unterstützungen zu verwenden, die auf der unteren Bewehrungslage stehen. Dabei ist jedoch zu beachten, dass die untere Bewehrungslage auf der nachgiebigen Schicht durch geeignete Abstandhalter in der vorgesehenen Lage bleibt, z.B. durch Abstandhalter mit großer Aufstandsfläche.

5 BEZEICHNUNG

5.1 UNTERSTÜTZUNGEN NACH DBV-MERKBLATT

Unterstützungen nach dem DBV-Merkblatt werden wie folgt bezeichnet:

DBV/EC2 –	h	– B	– P
		– S	– L

Die Angaben bei den Unterstützungen bedeuten:

DBV/EC2	Die Unterstützungen wurden nach dem Anhang des aktuellen DBV-Merkblattes geprüft und erfüllen dessen Anforderungen.
h	Unterstützungshöhe (Bestellmaß) in mm
B	auf der Bewehrung stehend
S	auf der Schalung stehend
L	linienförmige Kontruktionsart
P	punktförmige Kontruktionsart

Diese Angaben werden durch den Hersteller am Produkt oder Gebinde z.B. durch Anhänger gekennzeichnet, um die Zuordnung auf der Baustelle sicherzustellen. Weiterführende Angaben des Herstellers sind dem Lieferschein zu entnehmen.

Neben der Bezeichnung der Unterstützungen ist auf der Bewehrungszeichnung auch der Verlegeabstand anzugeben. Beispiel:

DBV/EC2 – 180 – S – L, s = 700 mm

5.2 UNTERSTÜTZUNGEN NACH INDIVIDUELLER VORGABE

Durch den Planer sind für den Anwendungsbereich sowie den Verwendungszweck geeignete Unterstützungen auszuwählen und für die relevante Beanspruchung zu bemessen.

In der Bewehrungszeichnung sind detaillierte Angaben wie Durchmesser, Biegeform und Verlegeabstand der Unterstützungen anzugeben.

Werden Unterstützungen mit größeren Unterstützungshöhen (h ≥ 400 mm) als im DBV-Merkblatt angegeben benötigt, bieten einige Hersteller standardisierte Sonderlösungen einschließlich der erforderlichen Nachweise an.

BEWEHREN VON STAHLBETONTRAGWERKEN
nach DIN EN 1992-1-1 mit Nationalem Anhang

Stand 06/19

Arbeitsblatt 12
MECHANISCHE VERBINDUNGEN

1 ALLGEMEIN

Alternativ zur klassischen Bewehrungstechnik können Betonstähle auch mit mechanischen Verbindungen gekoppelt werden. Hierfür werden anstelle von Übergreifungsstößen Kupplungselemente mit Schraub- oder Klemmtechnologie verwendet. Insbesondere bei nachträglichen Anschlüssen, aber auch an Betonierabschnitten oder bei hohen Bewehrungsgraden werden solche Systeme eingesetzt.

Das nachfolgende Kapitel gibt eine Übersicht über die Bauweise sowie einige Systeme der Hersteller. Mechanische Verbindungen werden in der DIN EN 1992-1-1 nicht weitergehend behandelt und sind durch Allgemeine Bauaufsichtliche Zulassungen zu regeln.

2 VORTEILE MECHANISCHER VERBINDUNGEN

Mechanische Verbindungen weisen folgende Vorteile auf:

Schnelligkeit:
- einfaches Einschrauben der Anschlussbewehrung
- zusätzliche Bügelbewehrung kann entfallen, dadurch Zeitersparnis bei der Verlegung

Sicherheit:
- keine Verletzungsgefahr durch herausstehende Stäbe
- Verbindungen sind durch einfaches Einschrauben herzustellen

Qualität:
- 100 % Kraftschluss garantiert
- geringere Konzentration der Bewehrung im Anschlussbereich

3 VERBINDUNGSSYSTEME
3.1 ALLGEMEIN

Bewehrungsanschlüsse sorgen für die Verbindung zwischen Stahlbetonbauteilen.
Je nach Bauteil und Aufgabenstellung stehen verschiedene Anschlussvarianten zur Verfügung:

- **Schraubanschlüsse** verbinden Stahlbetonteile untereinander und sind in verschiedenen Ausführungen erhältlich.

- **Klemmanschlüsse** werden bei der Sanierung von Bewehrungen eingesetzt, schaffen die Verbindung zwischen alten und neuen Bauabschnitten oder zu großen Fertigteilen wie zentralen Treppenaufgängen.

- **Stützenschuhe** schaffen den Anschluss zwischen Fundament und Stahlbetonfertigteilstützen. Sie ermöglichen eine schnelle Montage ohne zusätzliche Montagestreben

Bei Betonstahlmatten werden üblicherweise keine mechanischen Verbindungen eingesetzt.

3.2 SYSTEME AM MARKT

Die Produkte aus diesem Bereich sind entweder durch Zulassungen oder Typenprüfungen geregelt und entsprechen den Anforderungen der DIN EN 1992-1-1 (Eurocode 2).

Systeme von Bewehrungsanschlüssen (Auswahl)

Hersteller	System	Zulassungs-nummer	Stabnenn-durchmesser [mm]	Anwendungsart	Montagewerkzeug	Anarbeitung des Betonstahls Stab 1	Stab 2
ERICO	LENTON	Z-1.5-200	10–40	Schraubanschluss	Drehmomentschlüssel	Schraubmuffe	Schälgewinde
ERICO	LENTON Lock	Z-1.5-240	10–28	Muffenverbindung	Schraubenschlüssel	nicht erforderlich	
ERICO	LENTON Worldwide	Z-1.5-245	10–40	Schraubanschluss	Drehmomentschlüssel	Schraubmuffe	Schälgewinde
Halfen	MBT	Z-1.5-10	10–28	Muffenverbindung	Schraubenschlüssel	nicht erforderlich	
Halfen	HBS-05	Z-1.5-189	10–32	Schraubanschluss	Rohrzange	Schraubmuffe/Rollgewinde	Rollgewinde
MAX FRANK	Couplerbox	Z-1.5-10	12–32	Schraubanschluss		Schraub-/Pressmuffe	Schälgewinde
PEIKKO	MODIX	Z-1.5-177	10–40	Schraubanschluss	Drehmomentschlüssel	Pressmuffe	Pressmuffe/Schälgewinde
PFEIFER	PH	Z-1.5-26	8–40	Schraubanschluss	Drehmomentschlüssel	Pressmuffe	Schälgewinde

Stand 07-2018

Kennwerte der Ermüdungsfestigkeit

Hersteller	System	Ermüdungsfestigkeit			Spannungsexponenten der Wöhlerlinie		
		Nenn-ø [mm]	$\Delta\sigma_{Rsk}$ [N/mm²]	N [-]	k1	k2	N
ERICO	LENTON	10–28 32–40	85 75	$2 \cdot 10^6$	3	5	10^7
ERICO	LENTON Lock	10–28	80	$2 \cdot 10^6$	3	5	10^7
ERICO	LENTON Worldwide	10–40	95*)	$2 \cdot 10^6$	3,5*)	5	10^7 *)
Halfen	MBT	10–28	95	$2 \cdot 10^6$	3	5	10^7
Halfen	HBS-05	10–20 25–28	80 70	$2 \cdot 10^6$	3*)	5	10^7 *)
MAX FRANK	Couplerbox	12–32	75	$2 \cdot 10^6$	5	5	10^7
PEIKKO	MODIX	10–28 32–40	85 75	$2 \cdot 10^6$	4	5	10^7
PFEIFER	PH	8–32	75	$2 \cdot 10^6$	3	5	10^7

*) siehe Zulassung für Details

Stand 07-2018

Für viele Systeme sind Ausgleichs-, Reduzier- bzw. Positionsmuffen erhältlich. Details finden Sie in den jeweiligen Zulassungen. Die Zulassungen können über die Hersteller, das Deutsche Institut für Bautechnik (DIBt: www.dibt.de) oder die ECS (European Engineered Construction Systems Association e.V., www.ecs-association.com) bezogen werden.

INSTITUT FÜR STAHLBETONBEWEHRUNG E.V.

BEWEHREN VON STAHLBETONTRAGWERKEN
nach DIN EN 1992-1-1 mit Nationalem Anhang

Stand 06/19

Arbeitsblatt 13
FORMELZEICHEN

BETONSTAHL

Formelzeichen nach DIN EN 1992-1-1	Beschreibung
$\varnothing$	Nenndurchmesser des Betonstahls
$\varnothing_n$	Vergleichsdurchmesser
d_g	Größtkorndurchmesser der Gesteinskörnung (nach DIN EN 206-1 auch D_{max})
D	Biegerollendurchmesser
f_{yk}	charakteristischer Wert der Streckgrenze
$f_{0,2k}$	charakteristischer Wert der 0,2%-Dehngrenze
f_{yd}	Bemessungswert der Streckgrenze
f_{tk}	charakteristischer Wert der Zugfestigkeit
$f_{tk,cal}$	Stahlspannung bei $\varepsilon_s = 0{,}025\ \% = 525\ \text{N/mm}^2$ (NDP)
f_{yR}	rechnerischer Mittelwert der Streckgrenze ($f_{yR} = 1{,}1\ f_{yk}$)
f_{tR}	rechnerischer Mittelwert der Zugfestigkeit $f_{yR} = \begin{array}{l}1{,}05 \cdot f_{yR}\ \text{für B500A}\\ 1{,}08 \cdot f_{yR}\ \text{für B500B}\end{array}$
ε_{uk}	charakteristischer Wert der Betonstahldehnung unter Höchstlast
ε_{ud}	Dehnungsgrenze
ε_p	Vordehnung des Spannstahls
E_s	Elastizitätsmodul des Betonstahls (Bemessungswert)
α_c	Wärmedehnzahl
γ_s	Teilsicherheitsbeiwert für Betonstahl (vorwiegend ruhend)
$\gamma_{s,fat}$	Teilsicherheitsbeiwert für Betonstahl (Ermüdungsnachweis)
A_s	Querschnittsfläche des Betonstahls
A_{sw}	Querschnittsfläche der Querkraft- und Torsionsbewehrung
ρ_l	geometrisches Bewehrungsverhältnis der Längsbewehrung
f_R	bezogene Rippenfläche

VERBUND

f_{bd}	Bemessungswert der Verbundfestigkeit
ς	Verhältnis der Verbundfestigkeit von Spanngliedern im Einpressmörtel zur Verbundfestigkeit von Betonstahl
$l_{b,rqd}$	Grundwert der Verankerungslänge
$l_{b,min}$	Mindestwert der Verankerungslänge
l_{bd}	Bemessungswert der Verankerungslänge
$l_{b,eq}$	Ersatzverankerungslänge
l_0	Bemessungswert der Übergreifungslänge
$l_{0,min}$	Mindestwert der Übergreifungslänge
α_1	Beiwert zur Berücksichtigung der Verankerungsart
α_3	Beiwert zur Berücksichtigung der Querstäbe
α_4	Beiwert zur Berücksichtigung angeschweißter Querstäbe
α_5	Beiwert zur Berücksichtigung von Querdruck
α_6	Beiwert zur Berücksichtigung des Stoßanteils
$l_{b,dir}$	Verankerungslänge bei direkter Auflagerung
$l_{b,ind}$	Verankerungslänge bei indirekter Auflagerung

BEMESSUNG

A_c	Betonquerschnittsfläche
F_{sd}	Bemessungswert der Zugkraft in der Betonstahlachse
s	Achsabstand der Stäbe
a	lichter Abstand der Stäbe
a^*	Abstand des Schwerpunktes der Betondruckspannungen vom oberen Rand des Querschnitts
b	Breite
b_{eff}	mitwirkende Plattenbreite
b_w	kleinste Querschnittsbreite innerhalb der Zugzone des Querschnitts
a_l	Versatzmaß der Zugkraftdeckungslinie
d	statische Nutzhöhe
h	Höhe, Bauteildicke
x	Höhe der Druckzone
z	Hebelarm der inneren Kräfte
e	Lastausmitte
c_1	Abstand zum Bauteilrand
σ_c	Spannung im Beton

σ_s	Spannung im Betonstahl
Θ	Druckstrebenwinkel
α	Winkel der Querkraftbewehrung zur Bauteilachse
$V_{Rd,c}$	Querkraftwiderstand eines Bauteils ohne Querkraftbewehrung
$V_{Rd,S}$	Bemessungswert der durch das Fließen der Querkraftbewehrung begrenzten Querkräfte
$V_{Rd,max}$	durch die Druckstrebenfertigkeit begrenzter maximaler Querkraftwiderstand
D_{Ed}	Schädigungssumme beim Ermüdungsnachweis
$\Delta\sigma_R$	Spannungsschwingbreite
$\Delta\sigma_{s,equ}$	schädigungsäquivalente Spannungsschwingbreite
N_{Ed}	Bemessungswert der einwirkenden Normalkraft ($N_{Ed} > 0$ für Druck)
M_{Ed}	Bemessungswert des einwirkenden Biegemoments
V_{Ed}	Bemessungswert der einwirkenden Querkraft

DAUERHAFTIGKEIT

c	Betondeckung
c_{nom}	Nennmaß der Betondeckung
c_{min}	Mindestmaß der Betondeckung
Δc_{dev}	Vorhaltemaß der Betondeckung
c_v	Verlegemaß der Betondeckung